2017 年"一流应用技术大学"建设系列教材

虚拟仪器与 LabVIEW 编程技术

主 编 曾华鹏 李 艳

副主编 王 健 薛 珑 邢国麟

西安电子科技大学出版社

内 容 简 介

"虚拟仪器与 LabVIEW 编程技术"是一门电气类专业基础课程。本书是此课程的教材。本书是编者结合以往虚拟仪器相关课程的教学经验,以及企业实际的虚拟仪器开发案例,同时结合职业性向分析理论编写而成的。本书在讲授基础理论的基础上,给出了虚拟仪器应用实例及有特色的实训案例,以强化学生的工程实践能力,为今后的工作打下良好基础。

本书共分 8 章,主要内容包括虚拟仪器与 LabVIEW 概述、简单 VI 的设计与实现、数据类型与运算、结构控制、波形显示、文件的输入/输出、数据采集与信号处理以及综合项目实例。除第 8 章外,每章后均附有习题。

本书适合作为应用型本科院校、高职院校的电气类、自动化类专业的教材,同时也可供相关开发人员和工作人员参考。

图书在版编目(CIP)数据

虚拟仪器与 LabVIEW 编程技术 / 曾华鹏, 李艳主编. —西安: 西安电子科技大学出版社, 2019.12
ISBN 978-7-5606-5180-4

Ⅰ. ① 虚⋯ Ⅱ. ① 曾⋯ ② 李⋯ Ⅲ. ① 软件工具—程序设计 Ⅳ. ① TP311.56

中国版本图书馆 CIP 数据核字(2018)第 276737 号

策划编辑　毛红兵　明政珠
责任编辑　师　彬　雷鸿俊
出版发行　西安电子科技大学出版社(西安市太白南路 2 号)
电　　话　(029)88242885　88201467　　邮　　编　710071
网　　址　www.xduph.com　　　　　　电子邮箱　xdupfxb001@163.com
经　　销　新华书店
印刷单位　陕西天意印务有限责任公司
版　　次　2019 年 12 月第 1 版　　2019 年 12 月第 1 次印刷
开　　本　787 毫米×1092 毫米　1/16　印　张　13.75
印　　数　1～2000 册
字　　数　319 千字
定　　价　34.00 元
ISBN 978-7-5606-5180-4/TP
XDUP 5482001-1
如有印装问题可调换

天津中德应用技术大学

2017 年"一流应用技术大学"建设系列教材

编 委 会

主　任：徐琤颖

委　员：(按姓氏笔画排序)

王庆桦　王守志　王金凤　邓　蓓　李　文

李晓锋　杨中力　张春明　陈　宽　赵相宾

姚　吉　徐红岩　靳鹤琳　薛　静

前　言

　　虚拟仪器技术就是利用高性能的模块化硬件，结合高效灵活的软件来实现各种测试、测量和自动化应用的技术。随着中国制造2025的提出，虚拟仪器在智能制造领域中的应用越来越广泛。

　　本书属于天津中德应用技术大学"一流应用技术大学"建设项目，是编者在原有讲义的基础上，结合3年教学中的心得体会，以及在企业中实际应用的经验，重新编写而成的。编写过程中编者根据应用型高校培养应用型人才的需要，以内容适量、实用为度，本着循序渐进、理论联系实际的原则组织内容。同时，本书强调思想政治教育，将社会主义核心价值观与职业素养联系起来，加强对学生职业能力和情商的培养；强调个人性格特点与职业性向相吻合，在霍兰德职业性向理论的基础上，让学生了解与本书有关的典型工作岗位，在实训中通过项目分组、分岗，提前了解自己的职业兴趣所在，为今后的就业打下良好基础。本书以面向工作过程和行动导向教学为出发点，整本书以一个整体项目作为背景，在每个章节化整为零，将项目的各个功能作为工作任务分配到每一章里面。本书基于校企合作进行开发，参编人员中有大型外企从事虚拟仪器相关工作的工程师，从而保证了教材的前瞻性；本书力求叙述简练、概念清晰、通俗易懂、便于自学，是一本体系创新、深浅适度、重在应用、着重能力培养的应用型高校教材。

　　本书共8章，主要内容有虚拟仪器与LabVIEW概述、简单VI的设计与实现、数据类型与运算、结构控制、波形显示、文件的输入/输出、数据采集与信号处理以及综合项目实例。其中，第6章、第7章和附录由曾华鹏编写，第1章由邢国麟编写，第2章和第4章由李艳编写，第3章和第5章由薛珑编写，第8章由王健编写。本书由曾华鹏和李艳担任主编，他们负责完成全书的修改及统稿。本书在编写过程中得到霍尼韦尔环境自控有限公司、丹佛斯(天津)有限公司、美国国家仪器(National Instruments)有限公司和天津锐敏科技发展有限责任公司的大力支持，在此表示衷心的感谢。此外，本书得到了2019年教育部人文社会科学研究项目青年基金项目(项目编号：19YJC880003)的支持。

　　由于编者水平有限，虽然付出了艰辛的劳动，但书中不妥之处在所难免，欢迎广大同行和读者批评指正。

编　者

2019年11月

目　录

Contents

I

第 1 章 虚拟仪器与 LabVIEW 概述

学习目标

1. 任务说明

在本章中，应了解虚拟仪器的概念、特点，以及虚拟仪器的开发工具 LabVIEW 的相关知识。因此在本章中，需要通过查阅相关资料和安装 LabVIEW 软件，对 LabVIEW 面板的主要功能有一个大概的了解。

2. 知识和能力要求

1) 知识要求

(1) 了解虚拟仪器的组成。

(2) 了解虚拟仪器的特点。

(3) 了解 LabVIEW 软件的图形化编程语言的特点及功能。

(4) 了解 LabVIEW 的安装及编程环境。

(5) 了解 LabVIEW 的应用实例。

(6) 了解 LabVIEW 的帮助系统。

2) 能力要求

(1) 能够熟练使用 LabVIEW 软件的各项功能。

(2) 能够根据系统性能需求设计出所需的人机界面。

1.1 虚拟仪器概述

传统仪器的发展经历了模拟仪器、数字仪器、智能仪器等阶段，并从 20 世纪 70 年代开始进入虚拟仪器时代。20 世纪 80 年代，美国国家仪器公司(National Instruments，NI)提出了"仪器的计算机化"，从此虚拟仪器技术便成为自动控制领域的研究热点和应用前沿。虚拟仪器发展分为以下三个阶段：

(1) 基于计算机技术来提升传统仪器功能阶段(PC + 数据采集卡 + 开发软件)；

(2) 内在标准统一阶段(硬件标准化、软件标准化)；

(3) 虚拟仪器软件封装及组合阶段。

1.1.1　虚拟仪器的概念

虚拟仪器(Virtual Instrument，VI)是基于计算机的仪器，是将仪器装入计算机，以通用的计算机硬件及操作系统为依托，实现各种仪器功能。其实质是将传统仪器硬件功能和最新计算机软件技术充分地结合起来，用以实现并扩展传统仪器的功能，如完成数据采集、控制、分析和处理以及测试结果的显示等功能。虚拟仪器突破了传统仪器在数据处理、显示、传送、存储等方面的限制，用户可以方便地对仪器进行维护、扩展和升级。

在虚拟仪器系统中，硬件主要实现信号的输入、输出，软件才是整个仪器系统的关键。任何一个使用者都可以通过修改软件的方法，很方便地改变、增减仪器系统的功能与规模，即"软件定义仪器"。

1.1.2　虚拟仪器的组成

虚拟仪器系统包括仪器硬件和应用软件两部分。一些专用计算机的外围电路，与计算机一起构成虚拟仪器的硬件环境，是应用软件的基础；应用软件则是虚拟仪器的核心，可以通过不同的功能模块(软件模块)的组合构成多种仪器，实现不同的测量功能。虚拟仪器体系如图 1-1 所示。

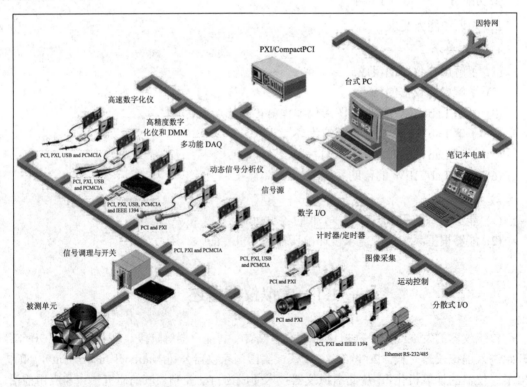

图 1-1　虚拟仪器体系图

虚拟仪器组成框图如图 1-2 所示，其各组成部分功能如下：

(1) 传感器：用于采集被测对象(如温度、压力等)的数据。其作用有两个，一是接收被采集对象的信号数据，二是将被采集到的物理量转换为系统能够接受的电量。

(2) 信号调理器：主要是将由传感器采集到的比较微弱且伴有噪声的电信号进行放大滤波后再送入计算机进行处理。

(3) 计算机：主要包括数据采集卡和应用软件两部分。数据采集卡接收信号后将模拟信号转换成计算机能够识别的数字信号，然后通过编写好的程序读取数字信号，进行显示、分析、存储和传输。

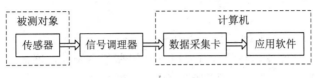

图 1-2　虚拟仪器组成框图

虚拟仪器可以通过多种接口(GPIB、VXI、PXI 等)或具有这些接口的仪器来连接被测对象和计算机。

1.1.3　虚拟仪器的特点

与传统仪器相比，虚拟仪器在智能化程度、处理能力、性能价格比和可操作性等方面均具有明显的技术优势。虚拟仪器具有以下特点：

(1) 硬件功能软件化。很多以前需要硬件才能实现的功能，现在可以在虚拟仪器架构平台上轻松应用软件将各个功能模块组合起来实现。这在生产中节省了成本，也节约了时间，并且灵活高效。

(2) 功能应用自主定义。虚拟仪器具有灵活多变的特点，使用者可以基于已有的模块，根据自身需求，将不同的模块组合，通过编写不同的软件逻辑实现想要的功能。

(3) 具有方便的图形化的界面。虚拟仪器可以将编程界面图形化，不需要使用者精通像 C、C++ 之类语言的编程语法，而是通过图形化的软面板，将使用者需要用到的功能变成一个个参数图形，使用者只需要进行标准的调用即可，上手更加容易简单，应用开发周期也极大缩短。

1.1.4　虚拟仪器的应用

虚拟仪器系统具有开放性和灵活性，可与计算机技术同步发展，提高了精确度，降低了成本，大大节省了用户的开发时间。虚拟仪器可以应用到以下领域：

(1) 监控。使用虚拟仪器可以实时采集和记录从传感器采集到的信号，并对该信号进行统计、数字滤波、频域分析等处理，从而实现监控。

(2) 检测。在实验室中，利用虚拟仪器开发工具开发的虚拟仪器系统，可以把一台计算机变成一组检测仪器，用于数据和图像采集、控制与模拟，使用者能在实验过程中通过修改参数，不断地反复调试对比分析，从而在实践中理解和掌握专业知识。

(3) 教育。由于虚拟仪器系统具有灵活性、可重用性的优点，教育部门可以根据需要使用虚拟仪器系统搭建自己的教学系统，一方面节省了开支，另一方面使得教学方法更加灵活多样。

(4) 电信。由于虚拟仪器具有灵活的图形用户接口和强大的检测功能，同时又能与CPIB 和 VXI 仪器兼容，所以经常被用来进行电信检测。

1.1.5　虚拟仪器的发展

虚拟仪器是计算机技术与测试技术相结合的产物。随着计算机技术、电子技术、网络通信技术的发展，未来仪器的概念将是一个开放的系统概念，即计算机和现代仪器相互包容。因此，"网络就是仪器"的概念概括了仪器的网络化发展趋势。虚拟仪器的发展表现在以下几个方面：

(1) 高性能的数字信号处理芯片、大规模可编程逻辑器件的发展，提高了信号采集和处理的速度，缩短了虚拟仪器系统的开发时间，提高了系统的扩展性。

(2) 智能化、模块化、集成化是硬件发展的主流。

(3) 智能化软件开发平台是虚拟仪器的一个重要发展方向。

(4) 出现新的总线技术应用，如 HS488、1394b 等。

(5) 仪器系统的网络化发展。

随着计算机网络技术的迅速发展以及计算机网络规模的增大，虚拟仪器的应用更为广泛，尤其在国防、通信、航空航天、气象、制造等领域，对大范围的网络测控将提出更为迫切的需求。网络技术也必将在测控领域得到广泛的应用，网络化仪器将会迅猛发展，进而虚拟仪器逐渐取代传统的测试仪器而成为测试仪器的主流。

1.1.6　虚拟仪器的开发环境

虚拟仪器开发环境是保证开发项目正常运行的关键。目前，开发环境五花八门，多种多样，但是常用的、被普遍认可的有两类。

一类是用底层编程语言开发的环境，像 C、C++、Java 等编程语言。此类编程语言开发的环境的优点在于执行效率高，兼容性强，可以在 DOS、Windows、UNIX 等不同的系统中运行，具有跨平台的优势；缺点在于掌握一门编程语言并实际做出开发环境对于初学者来说难度较大，需要一定的时间，开发效率较低。

另一类是用 G 语言开发的图形化编程界面。图形化编程界面在使用时不需要学习内部的语言结构，只需将模块进行拖、曳等操作即可实现相应功能，这样极大地方便了用户并且缩短了开发周期。

本书中介绍的 LabVIEW 就是利用其方便的图形化界面使用户能够非常简便地开发相关功能。LabVIEW 有着清晰的图形化窗口和强大的帮助系统，用户可以实时查看其帮助系统。LabVIEW 有工具选板、控件选板、函数选板等选项，用户可以查看各功能模块，需要哪个直接拖曳使用即可。同时，在菜单栏和工具栏中还有快捷键和快速导航，方便对相应的功能进行操作设置。

LabVIEW 的发展历史：

1986 年，LabVIEW 1.0 发布，并运行在苹果公司的 Macintosh 平台上。

1988 年，LabVIEW 2.0 发布，1990 年虚拟仪器面板和结构化数据流获两项美国专利。

1994 年，LabVIEW 3.0 带有附加工具包。

1996 年，LabVIEW 4.0 增加自定义界面和 Application Builder。

1998 年，LabVIEW 5.0 支持多线程。

2000 年，LabVIEW 6i 集成因特网功能。2001 年，LabVIEW 6i 实现远程控制和增加事件结构等重要功能。

2003 年，LabVIEW 7 Express 增加了 Express VI。2004 年，LabVIEW 7.1 Express 增加了许多全新的功能。

2005 年，LabVIEW 8.0 增加了许多全新的功能。2006 年 8 月，LabVIEW 8.20 有了第一个中文版的开发环境。2007 年 8 月，LabVIEW 8.5 发布。2008 年 8 月，LabVIEW8.6 发布。2009 年 2 月，LabVIEW8.6.1 发布。

2010 年以来，NI 公司相继发布了 LabVIEW 2010、LabVIEW 2011，直至最新的 LabVIEW 2017 版。LabVIEW 向上是兼容的，最近几年的 LabVIEW 各版本在操作方法、基本界面和功能上没有区别。

1.2　LabVIEW

1.2.1　LabVIEW 简介

LabVIEW(Laboratory Virtual Instrument Engineering Workbench)的中文名称是实验室虚拟仪器工程平台。它是一个使用图形符号来编写程序的编程环境。在这一点上，它不同于传统的文本编程语言，如 C、C++ 或 Java。

LabVIEW 是目前应用最广、功能最为强大的虚拟仪器工程平台，是一种图形化的编程语言。由于 LabVIEW 具有一个高效的图形化程序设计环境，并结合了简单易用的图形化开发环境，所以又称其为 G 语言(Graphical Language)。

1.2.2　LabVIEW 的特点

与标准的试验室仪器相比，LabVIEW 提供了更大的灵活性，通过软件我们可以定义仪器的功能。LabVIEW 的出现大大提高了虚拟仪器的开发效率，降低了软件操作对开发人员的要求。LabVIEW 的特点体现在以下几个方面：

(1) 编程简单。由于 LabVIEW 提供了丰富的图形控件，采用图形化的编程方法，把工程师从复杂枯燥的文本编程工作中解脱了出来。

(2) 开发周期短。通过交互式图形前面板进行系统控制和结果显示，可省去硬件面板的制作过程。

(3) 具备高效性。LabVIEW 内有 600 多个分析函数，使得数据采集、信号处理、数据分析、数学运算等过程得以高效完成。

(4) 具备开放性。可以根据实际情况进行更新扩展。

(5) 具备通用性。LabVIEW 提供了大量的驱动和模块，几乎能与任何接口的硬件轻松连接。

(6) 性价比高。能够反复使用，并能一机多用。

1.2.3　LabVIEW 2015 的安装

LabVIEW 可以安装在 Mac、Linux 和 Windows 等不同的操作系统上，LabVIEW 2015 中文版可以到 NI 公司官网进行下载。双击下载的 LabVIEW 2015 安装包后会出现如图 1-3 所示的界面，选择解压的位置，然后点击"Unzip"按钮后软件就进入了解压进度，解压完之后点击弹出的界面中的"确定"按钮(如图 1-4 所示)，接下来会直接弹出安装界面。

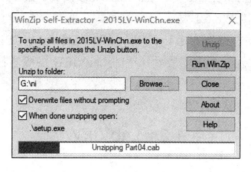

图 1-3　压缩包解压进度图

图 1-4　解压成功图

输入用户的信息(全名、单位)，然后单击"下一步"按钮，如图 1-5 所示。

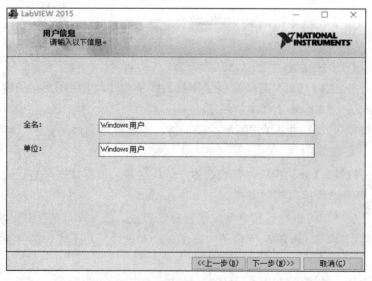

图 1-5　用户信息输入界面

接下来进入序列号输入界面，这时我们直接点击"下一步"，暂时不输入序列号，如图
1-6 所示。

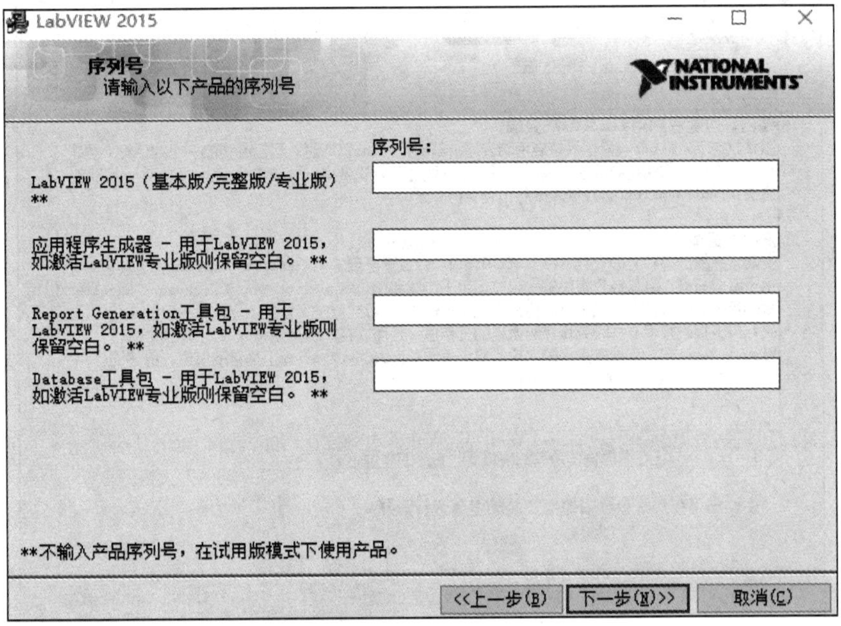

图 1-6　序列号输入界面

现在进入软件安装的路径设置界面，我们选择软件安装的路径(可以默认，也可以自定
义)，然后点击"下一步"按钮。这时出现安装的组件，默认不用更改，直接点击"下一步"
按钮，如图 1-7 所示。

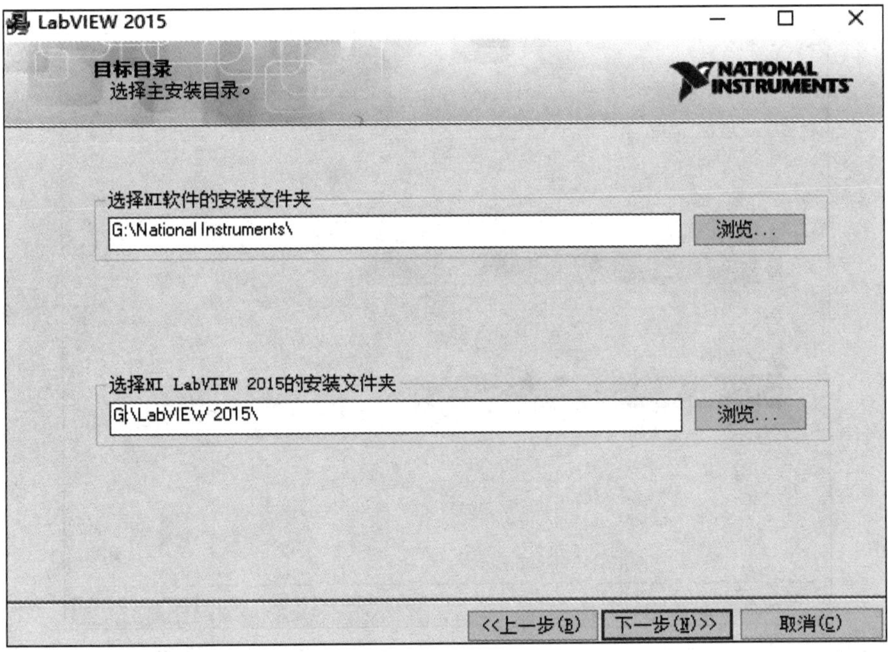

图 1-7　选择安装路径图

如要选择产品更新，可点击"下一步"按钮，如图 1-8 所示。

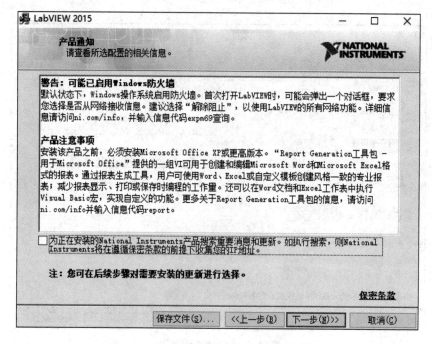

图 1-8　选择产品更新图

在安装许可协议中选择"我接受"，然后点击"下一步"按钮；继续选择"接受"，点击"下一步"按钮；再次单击"下一步"按钮，开始进入安装，大概需要 30 分钟时间，如图 1-9 所示。

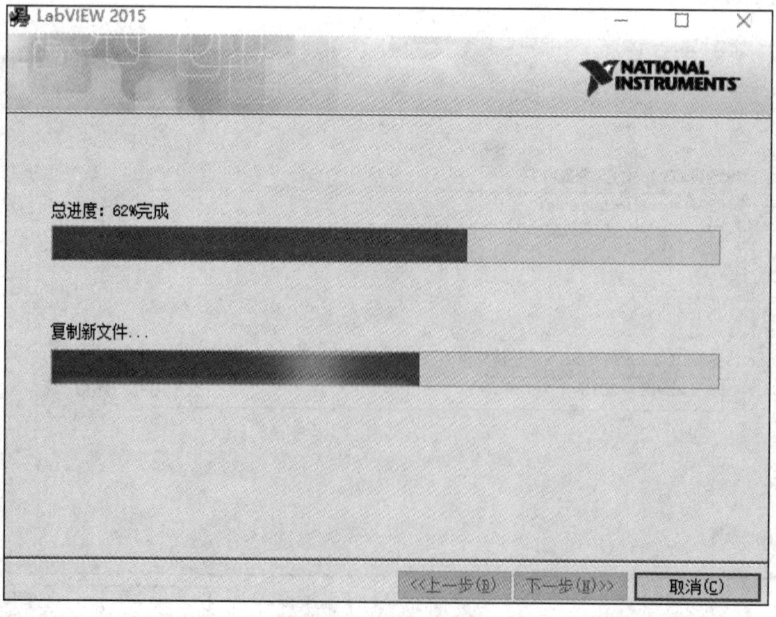

图 1-9　安装进度图

安装进度条在接近结束时会弹出如图 1-10 所示的界面，我们选择"不需要支持"，然后点击"下一步"按钮。

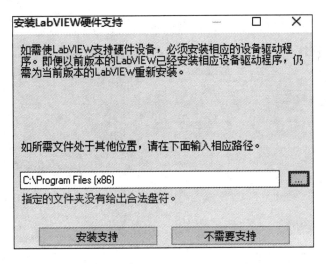

图 1-10　安装 LabVIEW 硬件支持界面

选择不加入改善计划，然后点击"确定"按钮，接下来会提醒重启计算机，可选择"稍后重启"，如图 1-11 所示。

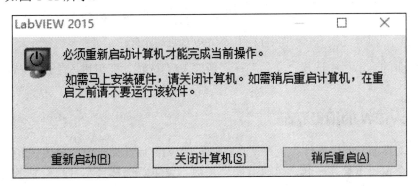

图 1-11　重启界面

1.2.4　LabVIEW 的编程环境

LabVIEW 软件安装完成后，可以通过以下两种方式启动 LabVIEW 2015：

(1) 从"开始"菜单中选择"所有程序"中的"National Instrument"，然后选择"LabVIEW 2015"，即可运行程序。

(2) 通过桌面快捷方式运行。

1.2.5　LabVIEW 的启动界面

运行 LabVIEW 2015 后，马上会出现如图 1-12 所示的"启动界面"，在其中可以进行新建 VI、新建项目、新建基于模板 VI、打开最近关闭的VI或者项目、打开 LabVIEW 2015

自带的帮助和入门指南等文档、查找范例和链接 LabVIEW 2015 网络资源等操作。

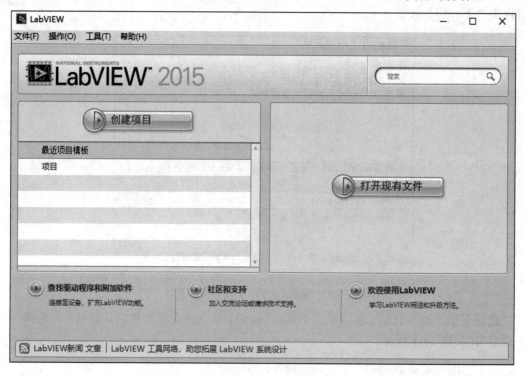

图 1-12 LabVIEW 的启动界面

从该界面的菜单栏中选择"文件"→"新建 VI"选项，即可进入 LabVIEW 2015 开发环境。

1.2.6 LabVIEW 的编程界面

在"启动界面"的"文件"菜单下点击"新建 VI"后，弹出前面板窗口和程序框图窗口。此时两个窗口重叠在一起，可以点击"窗口"菜单，选择"左右两栏显示"或者"上下两栏显示"让两个窗口平铺排列。新建的空白 VI 的前面板窗口和程序框图窗口分别如图 1-13 和图 1-14 所示。

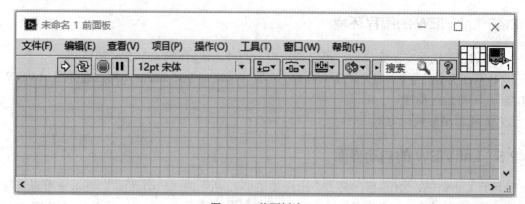

图 1-13 前面板窗口

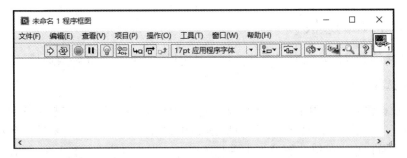

图 1-14　程序框图窗口

　　前面板窗口是 VI 的交互式用户界面，它模拟了传统仪器的前面板。前面板窗口包含旋钮、按钮、图形及其他控件，用户可以在这里输入程序运行所需的参数，观察程序运行的结果。程序框图是用户编写程序代码的地方。程序运行时的逻辑是由代码决定的。图 1-15 为一个 VI 的前面板窗口交互式用户界面，图 1-16 为 VI 的程序框图窗口。

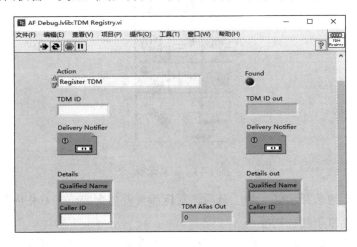

图 1-15　VI 的前面板窗口

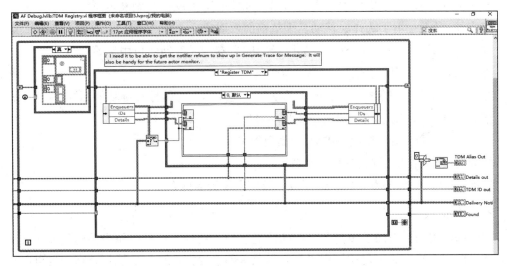

图 1-16　VI 的程序框图窗口

1.2.7　LabVIEW 的选板

LabVIEW 的开发工具共有三个选板：工具选板、控件选板和函数选板。

1. 工具选板

工具选板提供了各种用于创建、修改和调试 VI 程序的工具，这些工具的使用类似于标准的画图程序工具。一般情况下，启动 LabVIEW 后，工具选板可自动出现在窗口中，如果该选板没有出现，可以从菜单栏中选择"查看"菜单中的"工具选板"选项即可调出。工具选板如图 1-17 所示。

图 1-17　工具选板

当从工具选板内选择了任一种工具后，鼠标箭头就会变成该工具相应的形状。

工具选板包括以下几种功能：

自动工具选择 ：根据鼠标相对于控件的位置自动选择合适的工具。

操作工具 ：用于操作前面板的对象，如修改文本或控制刻度范围等。

定位工具 ：用于选择、移动、缩放前面板对象。

标签工具 ：用于输入标签或标题说明的文本，或者创建自由标签。

连线工具 ：用于在程序框图中为对象连线。

对象快捷菜单工具 ：用于打开对象的属性菜单，与鼠标右键功能相同。

滚动工具 ：用于在窗口内任意移动对象。

断点工具 ：用于在程序中设置或清除断点。

探针工具 ：用于在连线设置探针。

着色工具 ：用于为控件、前面板、程序框图设置颜色。

2. 控件选板

控件选板用来给前面板设置各种所需的显示控件和输入控件。每个图标代表一类子模板。如果控件选板未显示，可以用"查看"菜单的"控件选板"功能打开它，也可以在前面板的空白处点击右键，将弹出控件选板，如图 1-18 所示。控件选板中常用的控件有"新式""银色""系统"和"经典"四种风格，用户可以根据自己的需要来选择。下面介绍"新式"风格中几种常用的子选板。

(1) 数值子选板。数值子选板提供各种前面板所需的数值型控件。数值型控件主要完成参数设置和结果显示。常用的数值子选板有数值输入控件、各种滑动杆、旋钮、转盘、颜色盒、数值显示控件、各种进度条、各种刻度条、仪表、量表、液罐、温度计、各种滚动条、时间标识控件等。

(2) 布尔子选板。布尔子选板中包含一些布尔型的输入控件和显示控件，各种按钮、开关、按键等都属于输入控件，各种指示灯则为显示控件。

注意：布尔型控件的值只能是 True 和 False。

(3) 字符串与路径子选板。该子选板中有字符串输入控件、字符串显示控件、组合框、文件路径输入控件、文件路径显示控件。

(4) 数组、矩阵与簇子选板。该子选板中有数组、簇、实数矩阵、复数矩阵、错误信息输入控件和错误信息显示控件。

(5) 列表与表格子选板。该子选板中有列表框、多列列表框、表格、树形控件和 Express 表格等控件。

(6) 图形控件子选板。该子选板主要完成结果显示，其中有波形图表、波形图、XY 图、Express XY 图、强度图表、强度图、数字波形图、混合信号图、罗盘图、误差线、羽状图、XY 曲线矩阵、控件、三维图片控件和数量众多的三维图形等控件。

图 1-18　控件选板

3．函数选板

函数选板是程序框图中创建流程图的工具，它包含创建程序框图时可使用的全部对象。函数按照不同类别层叠地存放于函数选板中，通过鼠标光标的移动可以逐层展开下一级函数选板。

点击"查看"菜单中的"函数选板"可调出函数选板，在程序框图中的空白处点击右键也可调出该选板，如图 1-19 所示。最常见的子选板是"编程函数"子选板，该子选板提供了大量编程所需的函数。

下面介绍几种常用的子选板。

(1) 结构子选板。结构子选板中包括 For 循环、While 循环、定时结构、条件结构、事件结构、平铺和层叠两

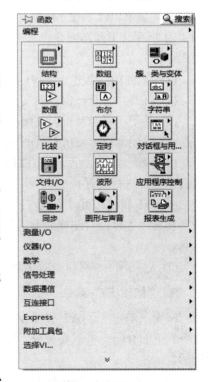

图 1-19　函数选板

种顺序结构、公式节点、反馈节点、全局变量、局部变量等。

(2) 数值子选板。数值子选板中包括各种常用的数学运算符(如 +、– 等), 以及各种常见的运算式(如 +1 运算), 还包括各种数值常量等。

(3) 数组子选板。数组子选板中包括各种数组运算函数以及数组常量等。

(4) 簇子选板。簇子选板中包括各种簇运算函数以及簇常量等。

(5) 布尔子选板。布尔子选板中包括各种逻辑运算符以及各种布尔常量等。

(6) 字符串子选板。字符串子选板中包括各种字符串操作函数以及各种字符串常量等。

(7) 波形子选板。波形子选板中包括各种波形函数等。

1.2.8 菜单栏

每个程序的前面板窗口与程序框图窗口都有图 1-20 所示的菜单栏, 每个菜单都有对应的下拉菜单, 每个下拉菜单中又都包含了多个操作选项, 有的选项还有子菜单。菜单栏中包含了大多数软件都具备的选项, 也包含了 LabVIEW 的其他功能选项。当菜单中的文字是黑色时, 表示目前该项目是有效的, 可以进行相关的操作; 但是如果菜单的文字是灰色的, 则表示该项目是无效的, 不能进行该操作。

| 文件(F) | 编辑(E) | 查看(V) | 项目(P) | 操作(O) | 工具(T) | 窗口(W) | 帮助(H) |

图 1-20 菜单栏

1. "文件(F)" 菜单

文件菜单包含了程序所需文件的相关操作, 如图 1-21 所示。下面详细介绍 "文件" 菜单的一些重要命令。

(1) 新建 VI: 新建一个 VI 界面。

(2) 打开: 打开已保存的文件。

(3) 关闭: 将当前页面关闭。

(4) 关闭全部: 将所有页面关闭。

(5) 页面设置: 可以对页面的页眉、页边距及其打印内容进行设置。

(6) VI 属性: 可以更改 VI 的类别, 查看当前版本和源版本以及对图标的编辑, 查看修订历史等信息。

(7) 近期项目: 可以查看最近创建的工程项目。

2. "编辑(E)" 菜单

编辑菜单包含了 VI 界面设计使用的一些快捷命令。下面介绍一些重要命令, 相关操作如图 1-22 所示。

(1) 撤销(消)窗口移动: 返回到上一次命令移动后的位置。

图 1-21 文件菜单项

(2) 当前值设置为默认值：将当前变更的参数设置为默认值。

(3) 重新初始化为默认值：将所有参数恢复为系统默认值。

(4) 设置 Tab 键顺序：设定 Tab 键切换前面板上对象的顺序。

(5) 删除断线：除去 VI 程序框图中由于连线不当造成的断线。

(6) 从层次结构中删除断点：将程序框图之间没有用的断点删除，适用于批量操作。

(7) 禁用前面板网格对齐：将前面板网格线关闭，可以任意调整元件位置。

(8) VI 修订历史：可以查看 VI 程序前几次都做了哪些修订，帮助设计人员记录操作。

(9) 查找和替换：在工程比较大时，查找对应的元件就显得特别方便，需要替换时可以批量操作，既提高效率又减少错误。

图 1-22　编辑菜单项

3. "查看(V)"菜单

查看菜单相关操作如图 1-23 所示。

(1) 控件选板：显示 LabVIEW 2015 的控件选板。

(2) 函数选板：显示 LabVIEW 2015 的函数选板。

(3) 工具选板：显示 LabVIEW 2015 的工具选板。

(4) 快速放置：可以生成放置列表进行快速选择。

(5) 断点管理器：对程序中的断点进行管理。

(6) VI 层次结构：显示该 VI 与调用的子 VI 之间的层次关系。

(7) 浏览关系：浏览程序中使用的所有 VI 之间的相对关系。

(8) 类浏览器：浏览程序中使用的所有类。

4. "项目(P)"菜单

项目菜单包括了所有与项目有关的操作命令，如图 1-24 所示。

图 1-23　查看菜单项

下面介绍其中的一些重要命令。

(1) 创建项目：新建一个项目文件。

(2) 打开项目：打开已有的项目。

(3) 添加至项目：将当前操作内容合并到某一个项目中。

(4) 文件信息：可以查看当前文件的相关信息。

(5) 属性：用于添加项目说明及查看源代码控制。

(6) 解决冲突：当程序编译有错误时可以用于查看解决冲突的信息。

图 1-24　项目菜单项

5. "操作(O)" 菜单

操作菜单的相关操作如图 1-25 所示。

(1) 运行：执行程序。

(2) 单步步入：程序一步一步执行。

(3) 单步步过：跳过程序中的某一步。

(4) 调用时挂起：当调用某个图形界面时，不能对该界面进行更改操作。

(5) 结束时打印：在程序结束时打印界面。

(6) 切换至运行模式：将编辑模式切换为调试运行模式。

(7) 连接远程前面板：通过构建网络将前面板信号连接过来。

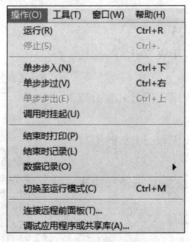

图 1-25　操作菜单项

6. "工具(T)" 菜单

工具菜单的相关操作如图 1-26 所示。

(1) Measurement & Automation Explorer：查看电脑硬件系统信息。

(2) 仪器：用于添加仪器的驱动。

(3) 比较：可以比较两个项目之间的差异或比较 VI 的层次结构。

(4) 合并：用于合并 VI 和 LLB。

(5) 性能分析：用于分析系统内存和缓存区的占用情况及 VI 的性能。

(6) 安全：用于设置登录密码，提高安全性及操作权限。

(7) 通过 VI 生成应用程序：可以将 VI 界面生成可执行文件，以便在其他没有 LabVIEW 环境的电脑上运行。

(8) NI 范例管理器：用于添加或删除自己制作的工程范例。

(9) Web 发布工具：生成网络的可访问文件。

(10) 控制和仿真：可以进行模糊控制设计器的仿真。

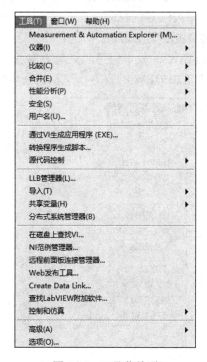

图 1-26　工具菜单项

7. "窗口(W)"菜单

窗口菜单的相关操作如图 1-27 所示。

(1) 显示程序框图：显示 LabVIEW 2015 的程序框图。

(2) 显示项目：显示 LabVIEW 2015 的项目列表。

(3) 全部窗口：将显示所有打开的窗口。

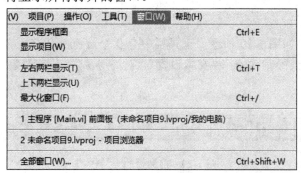

图 1-27　窗口菜单项

8．"帮助(H)" 菜单

帮助菜单的相关操作如图 1-28 所示。

(1) 显示即时帮助：显示 LabVIEW 2015 的即时帮助。

(2) 锁定即时帮助：将即时帮助窗口锁定。

(3) LabVIEW 帮助：打开 LabVIEW 的帮助系统。

(4) 查找范例：查看系统及自定义的范例程序。

(5) 查找仪器驱动：查找相关仪器仪表的驱动程序。

(6) 网络资源：利用网络资源学习 LabVIEW 的程序。

(7) 检查更新：检查 LabVIEW 的版本信息，更新版本及插件。

(8) 关于 LabVIEW：查看 LabVIEW 的官方信息及权利申明。

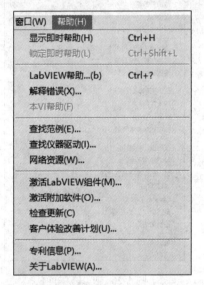

图 1-28　帮助菜单项

1.2.9　前面板窗口和程序框图窗口的工具栏

LabVIEW 的工具栏为用户提供了各种编辑、修改和运行 VI 程序的工具，前面板和程序框图窗口都有各自的工具栏，所提供的工具大部分是相同的。

1．前面板工具栏

前面板的工具栏如图 1-29 所示。工具栏中有 9 个按钮，从左至右分别为 "运行" "连续运行" "异常终止执行" "暂停" "文本设置" "对齐对象" "分布对象" "调整对象" "重新排序"。

图 1-29　前面板的工具栏

各按钮的功能简述如下：

(1) 运行按钮：单击该按钮可运行当前 VI 一次。

(2) 连续运行按钮：单击该按钮可重复连续运行当前 VI。

(3) 异常终止执行按钮：单击该按钮可以强行停止当前 VI 运行。

(4) 暂停按钮：单击该按钮可暂停当前 VI 的运行，再次单击该按钮可以继续运行当前 VI。

(5) 文本设置按钮：该按钮可对文本的字体、字号、颜色等进行设置。

(6) 对齐对象按钮：该按钮用于对前面板和程序框图窗口中的多个对象进行相应的对齐操作。

(7) 分布对象按钮：该按钮用于对前面板和程序框图窗口中的多个对象进行相应的分布方式操作。

(8) 调整对象按钮：该按钮用于对选中的前面板控件的大小进行调整。

(9) 重新排序按钮：该按钮用于对选中的前面板控件进行组合及锁定。

2. 程序框图工具栏

程序框图工具栏中有一些与前面板工具栏相同的按钮，同时也包含前面板的工具栏中所没有的 5 个程序调试按钮，如图 1-30 所示，从左至右依次为"高亮显示执行过程""保存连线值""开始单步执行""单步跳过""单步跳出"。

图 1-30　程序框图工具栏的特殊按钮

这 5 个程序调试按钮功能如下：

(1) 高亮显示执行过程按钮：单击该按钮可观察到数据流的流动过程，再次单击该按钮，程序恢复正常运行。

(2) 保存连线值按钮：单击该按钮，VI 运行后可在各连线上保存数据值，可用探针工具直接观察该数据值。

(3) 开始单步执行按钮：调试时使程序单步进入循环或者子 VI，允许进入节点，一旦进入节点，即可在节点内部单步执行。

(4) 单步跳过按钮：单击该按钮可单步跳过节点。

(5) 单步跳出按钮：单步进入某循环或者子 VI 后，单击该按钮可使程序执行完该循环或者子 VI 剩下的部分后跳出。

1.2.10　LabVIEW 2015 的帮助系统

LabVIEW 2015 的帮助系统提供了详尽的帮助信息和编程范例，是最有用的学习 LabVIEW 的工具之一。有效地利用帮助信息是快速掌握 LabVIEW 的一条捷径。获取帮助信息的渠道包括显示即时帮助、LabVIEW 帮助、查找范例以及网络资源等。

1. 使用即时帮助

LabVIEW 的即时帮助是最常用的帮助形式。即时帮助是一个浮动窗口，选择"帮助"菜单下的"显示即时帮助"选项，或者使用 Ctrl + H 组合键都可以显示出"即时帮助"窗口。图 1-31 所示为"格式化日期/时间字符串"函数的"即时"帮助窗口，通过该窗口可以了解该函数的各个端子应该连接的数据类型等。

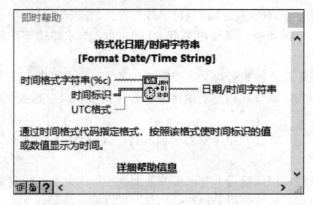

图 1-31　　"即时帮助"窗口

2. LabVIEW 的帮助系统

LabVIEW 2015 的帮助系统详细列出了全部的帮助信息，选择"帮助"菜单下的"LabVIEW 帮助"菜单选项，即可弹出如图 1-32 所示的"LabVIEW 帮助"对话框，然后按需要选择帮助窗口左侧的"索引""搜索"等选项卡，搜索所需的内容。

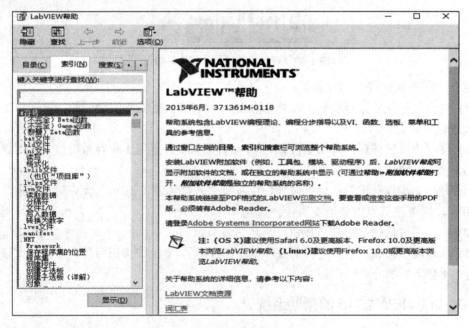

图 1-32　　"LabVIEW 帮助"对话框

3. 查找范例

LabVIEW 的范例包含了 LabVIEW 的各个功能模块的应用实例，在 LabVIEW 的启动界面上选择"查找范例"，或者选择"帮助"菜单中的"查找范例"选项，即可打开"NI 范例查找器"对话框，如图 1-33 所示。默认情况下，NI 范例查找器所找到的范例都是 LabVIEW 自带的。

图 1-33　"NI 范例查找器"对话框

4. 使用网络资源

在实际编程中遇到的某些具体问题或困难，也许并不能在 LabVIEW 帮助文档或范例中找到相应的解决办法。这时最有效的方法就是向有经验者请教，包括请教同事、NI 的技术支持人员等。如果仍然不能满足需要，可以考虑把问题公布到互联网上，寻求更广泛的帮助。

在互联网上寻求帮助可以考虑以下几种途径：

(1) 上 NI 官方论坛(网址：http://forums. ni. com/ni/)。该网站提供了大量的网络资源和相关链接。

(2) 上 LAVA 论坛(网址：http://forums. lavag. org/forums. html)。　这是官方之外最大的 LabVIEW 社区，也是寻求帮助的好地方。

1.3　虚拟仪器自动测试项目介绍

1.3.1　项目背景介绍

智能制造(Intelligent manufacturing)是一种由智能机器和人类专家共同组成的人机一体化智能系统，它在制造过程中能进行智能活动，诸如分析、推理、判断、构思和决策等。智能制造通过人与智能机器的合作，不仅扩大、延伸和部分地取代人类专家在制造过程中的脑力劳动，而且把制造自动化的概念进行了更新，并扩展到柔性化、智能化和高度集成化。随着"中国制造 2025"的提出，中国正式从制造大国向制造强国的方向迈进。

装备和生产智能化是智能制造非常重要的一个组成部分。在这场变革中，生产装备的升级换代是不可避免的。

　　某企业的产品在出厂前的最终测试都是靠人手动完成的，如图 1-34 所示。该测试方式存在着误检率高的问题，同时测试记录也是靠人手动记录，经常出现遗漏，再加上工人招聘难度越来越大，因此企业有意研制一套自动测试系统(Automatic Test System)来替代大部分人力。

图 1-34　手动测试

　　经过多方打听，该企业发现行业内的另一家企业已经配备了自动化测试设备，于是前往参观学习。那家企业的负责人热情地接待了他们，详细介绍了这套自动化测试设备的情况，并带领一行人到现场观看设备是如何工作的。该自动化测试设备由上位机、PXI 机箱和板卡、夹具(Fixture)和一些电气附件组成，待测产品放置于夹具中，上位机根据产品的功能，通过 PXI 机箱和板卡给夹具中的产品提供输入信号，并读取产品的输出信号，最终由上位机来判断输出信号是否符合要求，如图 1-35 所示。

图 1-35　自动测试

　　看着该自动化测试设备飞快地测完一个又一个产品，并将相关结果自动记录在上位机中，该企业的相关人员心里无比高兴，因为该设备不单单可以提高生产效率，优化生产管理，同时只需要一个人在夹具中放置和取出产品，大大节省了人力。

1.3.2　系统结构

　　参观结束回来，该企业联系了厂商，和他们一起制订了设备的技术方案。自动测试设备由上位机、PXI 机箱和板卡、信号转换电路板、可编程电源和夹具组成，如图 1-36 所示。

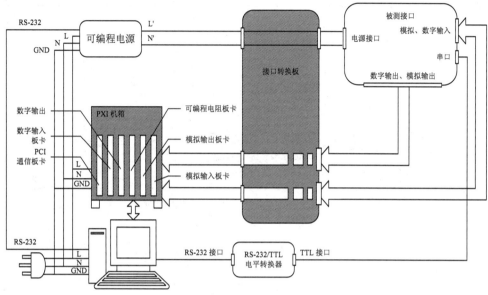

图 1-36　自动测试系统组成框图

　　上位机运行 LabVIEW，通过 PXI 向 PXI 机箱发送命令，控制机箱里的板卡输出信号到被测产品，同时通过数字、模拟输入板卡或通信口接收被测产品的信号输出，判断被测产品的某个功能是否正常。同时，上位机通过 RS-232 向可编程电源发送命令，从而控制被测产品的供电信号。

　　测试设备在实验室里已经初步搭建起来，PXI 机箱如图 1-37 所示。开发人员打算针对现有产品的一个功能编写自动化测试程序，一方面验证初步搭建的设备是否可以正常工作，另一方面相关人员可对 LabVIEW 进行学习。

图 1-37　PXI 机箱

1.3.3　系统功能

　　该自动测试程序功能及与本书内容的对应关系如图 1-38 所示。程序控制 PXI 机箱里的可编程电阻板卡，从 0 Ω 到 2000 Ω，每隔 2 s 增加 10 Ω，给被测产品提供模拟温度信号(因被测产品使用的是 PT1000 传感器)，通过串口将被测产品转换后的温度值读取出来并与标准值进行对比，若偏差大于 5% 则报警。所有的数据均存入上位机，并将温度值在上位机上以波形图的形式进行显示。

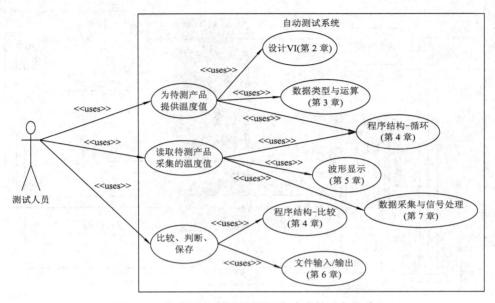

图 1-38　自动测试系统用例图及与本书的对应关系

该企业相关人员怀着无比兴奋的心情迫不及待地开始了这个项目。

1.3.4　项目实施模式

项目的开展建议采用行动导向教学法来进行，在每个任务中采用"资讯—计划—决策—实施—检查—评估"方式来组织教学，在教师的指导下，按特定的流程进行理解需求、制订方案与计划、确定方案、项目实施、项目检查与评估。流程中各个阶段的工作内容可参阅附录 1。

在资讯阶段，除了理解任务需求以外，学生还应根据自身特点选择相应的工作岗位，分组分岗，在每个任务中承担相应的工作。与本书相关的工作岗位可参阅附录 3，学生自身职业倾向评估可参阅附录 4。

在计划阶段，各个小组应根据需求进行头脑风暴(Brainstorming)，提供完成项目的技术方案和计划。

在决策阶段，教师应引导学生进行计划的分析，确保计划的可行性并选择最优的计划。

在实施阶段，各个小组应根据相应的标准完成项目的实施。LabVIEW 的编程规范可参阅附录 2。

在检查阶段，学生针对最初给定的工作任务进行核对，检查项目完成情况，如有不符的情况应进行分析和修改。

在评估阶段，学生对完成工作任务的表现进行自评和互评，各小组进行总结、考核及评估，教师做出最后评价。评估应涵盖职业素养的两个方面：职业技能和职业思想。具体内容可参阅附录 5。

小　结

虚拟仪器是现代实验室的基础，是不断革新的计算机技术与仪器技术相结合的产物。

LabVIEW 是一种利用图标代替文本行创建应用程序的图形化编程语言。本章主要介绍了虚拟仪器的结构和特点、LabVIEW 软件的软件界面及其使用，并讲述了 LabVIEW 的开发工具(三个选板)以及菜单栏、工具栏的使用。通过本章的学习，学生应对虚拟仪器与 LabVIEW 有初步的了解，为后面的学习打下基础。

评价与考核如表 1-1 所示。

表 1-1　评价与考核

【评估表】				
系部：　　　　　　　　　　班级：　　　　　　　　　　日期：				
学习领域：虚拟仪器与 LabVIEW 编程技术		学习情境：LabVIEW 安装与使用		
学员名单：		授课教师：		总得分：
工作任务 1：安装 LabVIEW				
序号	测评项目	学员自评	学员互评	教师打分
1	LabVIEW 成功安装			
工作任务 2：认识 LabVIEW				
序号	测评项目	学员自评	学员互评	教师打分
1	认识 LabVIEW 的启动界面			
2	认识 LabVIEW 的编程界面			
3	认识 LabVIEW 的帮助系统			

习　题

1. 什么是虚拟仪器？虚拟仪器的特点是什么？
2. VI 包括哪几部分？如何在它们之间进行切换？
3. LabVIEW 的安装过程分为哪几个步骤？
4. LabVIEW 的中文含义是什么？
5. LabVIEW 开发工具包括哪几个操作选板？各个选板的功能是什么？
6. 比较前面板的工具栏和程序框图工具栏的相同与不同之处。
7. 如何有效利用 LabVIEW 的帮助系统？
8. 如何利用范例程序快速学习 LabVIEW？
9. 下载并安装 LabVIEW 软件，再在技术论坛中注册一个账号。

第 2 章　简单 VI 的设计与实现

学习目标

1. 任务说明

在 LabVIEW 中，程序都是以 VI 为单位的，想要实现自动化测试程序，首先必须学会如何设计与实现 VI。因此在本任务中，需要进行简单 VI 的编写及运行调试。

2. 知识和能力要求

1) 知识要求

(1) 掌握前面板的编辑方法。

(2) 掌握程序框图的编辑方法。

(3) 掌握 VI 的编程、运行与调试方法。

(4) 掌握子 VI 的创建与调用方法。

2) 能力要求

(1) 能够按要求编写 VI。

(2) 能够正确掌握 VI 的运行及调试方法。

2.1　从模板中创建 VI

2.1.1　从模板中创建 VI

为了方便用户，LabVIEW 产品提供了模板和项目范例，其中模板展示了 LabVIEW 应用的最基本构建模块，真实的系统通常会使用一个或多个模板的组合。这些模板提供了常用架构，采用广泛应用的设计模式，在现有的代码基础上编写新的代码可以在一定程度上节省项目开发的时间，方便用户创建自己的系统。而且，从 LabVIEW 的模板创建 VI 也是学习 LabVIEW 程序设计的好方法。

在 LabVIEW "启动界面" (Start Window)中选择 "创建项目" (New Project)，可得到如图 2-1 所示的窗口，单击图标 "项目" (Project)模板便会弹出如图 2-2 所示的 "新建" (New)窗口。"新建" 窗口的左侧列出了需要新建的项目，其中也包括了各种通用模板 VI，窗口的右侧便会同时显示出所选模板 VI 的程序框图的预览和关于这个模板 VI 的说明。

图 2-1　"创建项目"窗口

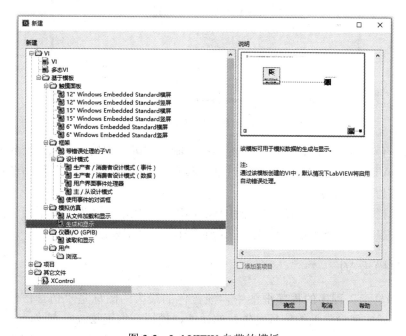

图 2-2　LabVIEW 自带的模板

　　这里，我们按照如下路径调用模板内的程序："创建项目"(New Project)→"基于模板"
(VI from Template)→"模仿仿真"(Simulation)→"生成和显示"(Generate and Display)，然
后单击"确定"按钮，即得到图 2-3 所示的"生成和显示"程序的前面板窗口和图 2-4 所

示的程序框图窗口。

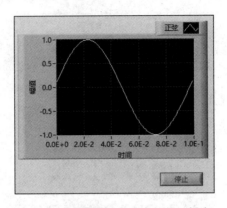

图 2-3　"生成和显示"程序的前面板窗口

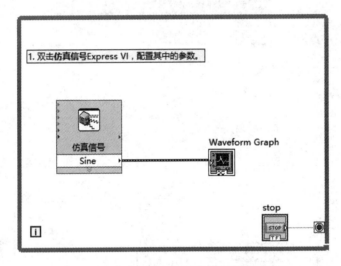

图 2-4　"生成和显示"程序的程序框图窗口

前面板中有类似于传统仪器的显示屏幕和控制开关等，作用为输入数据和显示运行结果。由于 LabVIEW 提供图形化的编程语言，其程序框图中的程序源代码由图标和连线组成，所以又称为图形代码。

单击工具栏中的"运行"(Run)按钮 ，可以看到显示屏幕上出现了连续滚动的正弦波图形，单击显示屏幕下方的"停止"(Stop)按钮，即可结束该程序。

2.1.2　修改模板 VI

"生成和显示"程序的程序框图中，淡蓝色的最大的图标是"仿真信号"(Simulate Signal)，它可以实现最常见的信号发生器的功能，模拟产生正弦波、方波、三角波、锯齿波和直流信号，其默认值为正弦波。双击这个图标，即可弹出图 2-5 所示的对话框。通过该对话框，可以修改信号类型和信号参数值，也可以选择添加噪声并设置噪声参数；修改完毕后点击"确定"按钮，再次运行 VI 即可看到此时的显示信号已经按照刚才的设置发生了变化。

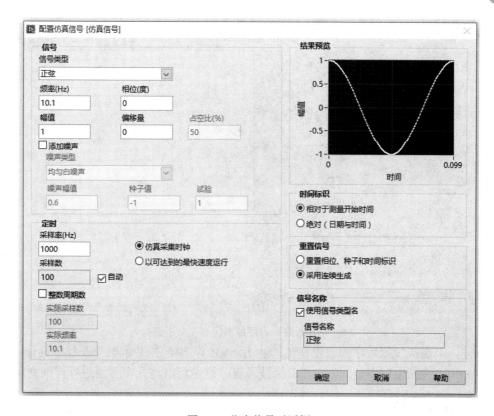

图 2-5　仿真信号对话框

注意： 当需要对模板 VI 进行编辑的时候，应该将当前 VI 进行"另存为"操作之后再进行编辑，以免修改了 LabVIEW 的自带模板内容。

2.2　VI 的 编 辑

熟悉了 LabVIEW 的编程环境，也了解了从模板创建 VI 的方法之后，下面进入创建 VI 的具体学习。

一个 VI 包括 3 个基本元素：前面板(Front Panel)窗口、程序框图 (Block Diagram) 窗口、图标及连接器(Icon and Connector Pane)。

在"启动界面"的"文件"(File)菜单下点击"新建 VI"(New VI)后，即可弹出前面板窗口和程序框图窗口，其内部是空白的，两个窗口一前一后重叠在一起，使用 Ctrl + E 组合键可以实现前面板和程序框图窗口之间任意切换。点击"窗口"(Windows)菜单，选择"左右两栏显示"(Tile Left ＆ Right)或者"上下两栏显示"(Tile Up ＆ Down)可以让两个窗口平铺排列。图 2-6 为"左右平铺方式"显示的两个窗口。

在前面板窗口右上角出现的标志 ，即为 LabVIEW 默认的图标及连接器，我们可以对它进行修改以区分不同的 VI，该部分内容将在后面详细介绍。

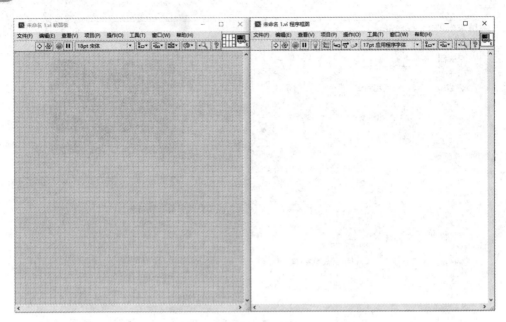

图 2-6　前面板窗口程序框图窗口左右平铺排列

创建一个虚拟仪器程序的前提是要了解 LabVIEW 编程的基本概念及程序设计中的一些基本知识，包括 VI 创建步骤、VI 编辑技术等。这里将对这几个方面进行详细介绍。

2.2.1　前面板编辑

1. 前面板的输入控件和显示控件

前面板是虚拟仪器与用户的交互界面，可以模拟真实仪器仪表的前面板，用于设置输入和显示输出。

从前面板的"控件选板"(Controls Palette)中可以调取数值(Numeric)、开关按钮(Push Button)、旋钮(Knob)、图形(Graph)等多种数据对象。这些数据对象可以分为输入控件和显示控件两大类。其中输入控件是用户用来往程序输入数据的；显示控件则是程序向用户输出运行结果的。前面板的每个控件在程序框图中都会对应一个接线端。

(1) 输入控件和显示控件在程序框图中的接线端有以下差异：

① 输入控件的边框为粗线，右侧有三角形数据输出端。

② 显示控件的边框为细线，左侧有三角形数据输入端。

(2) 创建输入控件和显示控件的两种方法如下：

① 在前面板的控件选板中单击某个控件，拖放在前面板的适当位置。

② 在程序框图中直接创建，首先选择"连线工具"(Wiring Tool)，然后在程序框图中某个函数的输入或输出端口上单击右键，在弹出的快捷菜单中点击"创建"(Creat)，然后选择"创建常量"(Creat Constant)、"创建输入控件"(Creat Control)或"创建显示控件"(Creat Indicator)即可。

另外，输入控件和显示控件之间能够进行相互转换。具体方法为：选中某控件，单击右键，选择"转换为显示控件"(Change to Indicator)或者"转换为输入控件"(Change to Control)。

(3) 控件设置。在控件上单击右键，从弹出的快捷菜单中可以对该控件进行设置。

图 2-7 为数值型输入控件的快捷菜单，表 2-1 为前面板控件快捷菜单的主要功能说明。

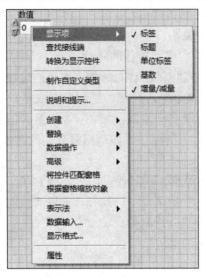

图 2-7　数值型输入控件的快捷菜单

表 2-1　前面板控件快捷菜单的主要功能说明

菜单选项	功能说明
显示项	可以通过勾选来显示隐藏项(标签、标题、单位标签等)
查找接线端	可以查找到该控件在程序框图中的接线端
转换为显示控件	将该输入控件转换为显示，反之亦然
说明和提示…	可以为该控件添加说明和提示信息
创建	可以为该控件创建变量、引用及节点
替换	从弹出的控件选板中选择一个控件进行替换
数据操作	对数据进行操作，如设置默认值、复制、粘贴等
高级	自定义该控件、快捷菜单等操作
表示法	设置数据的数值类型，如单精度、双精度、整型等
显示格式…	设置数据类型(如浮点数、科学计数法等)、精度类型、位数
属性	对该控件的属性(如外观、显示格式等)进行设置

2. 前面板控件编辑

在创建 VI 时，为了使 VI 的图形化交互界面更加美观、友好、操作方便且更接近于真实仪器，需要对前面板控件进行具体编辑。下面分别对选择、移动、复制、粘贴、删除、标签、字体、颜色、排列、外观等属性进行介绍。

1) 选择、移动、复制、粘贴和删除

(1) 选择。单击"工具选板"(Tool Palette)中的"定位工具"(Positioning Tool) ▮，在要选择的对象上单击左键，出现滚动边框，该对象即可被选中。若需同时选择多个对象，可以使用定位工具，在所要选择对象的周围按住鼠标左键不放，拖出一个矩形，然后释放鼠标既可选中多个对象。若需要选择的多个对象位置比较分散，则可像 Word 的操作方法一样，按住"Shift"键不放，然后用鼠标左键单击每一个对象。

(2) 移动。在选中某一对象后，按住鼠标左键不放即可将控件拖至任何位置，还可利用键盘中的上、下、左、右键实现某控件的移动。

(3) 复制和粘贴。选择要复制和粘贴的对象，然后通过以下几种方法来完成。

① 在菜单栏的"编辑"菜单中，选择"复制"完成复制，选择"粘贴"完成粘贴。

② 使用"Ctrl + C"组合键实现复制，"Ctrl + V"组合键实现粘贴。

③ 按住"Ctrl"键，同时用鼠标左键拖动想要复制的对象，移到想要粘贴的位置，松开左键即可完成复制和粘贴。

(4) 删除。选择要删除的对象，然后通过以下几种方法来删除。

① 在菜单栏的"编辑"(Edit)菜单中，选择"删除"。

② 使用"Ctrl + X"组合键进行删除。

③ 按下"Delete"键进行删除。

2) 创建和编辑标签

创建前面板时，LabVIEW 会自动生成一个标签，叫作固有标签。还可以创建其他注释，即自由标签，方法为：选取"标签工具"(Labeling Tool)工具 A，在需要创建标签的地方，单击鼠标，输入标签文本。

3) 设置字体

程序中的标签及控件上的字体可以通过工具栏上的字体选择框来设置，该工具提供了字体大小、字形及颜色等方面的设置。

4) 对象着色

为了使 VI 的设计更具可视性，LabVIEW 的前面板的颜色可以改变。

字体的颜色可以通过工具栏上的字体选择框来设定，其他控件的颜色则可以点击"工具选板"中的"着色工具"(Color Tool) ，将会弹出颜色设置对话框，如图 2-8 所示。单击左上的颜色方框，设置前景颜色；单击右下的颜色方块，设置背景颜色。

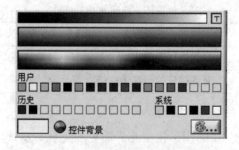

图 2-8　颜色设置对话框

大部分对象的颜色可以修改，在建立前面板和框图对象时，LabVIEW 会自动给对象着色。由多个部分组成的前面板控件，每一个部分都可以改变颜色，前面板和程序框图窗口的工作区的颜色也可以修改，但是由于程序框图上的端子、连线的颜色是用来表示它们的数据类型，所以不能改变颜色。另外，LabVIEW 的函数也不能改变颜色。

5) 替换控件

在编写 VI 时，若某控件放置错误则需要重新放置，如果直接删除则会出现很多错误连线。此时最简便的方法是：在被替换的控件上单击右键弹出快捷菜单，然后选择"替换" (Replace)命令，此时会弹出一个临时控件选板，在此选板上选择需要的控件，该控件即可自动替换掉原来的控件。

6) 调整控件大小

前面板上的控件需要调整大小时，可以使用鼠标用定位工具进行手动调整。具体方法为：将鼠标移到要调整的对象上，这时该对象周围出现小的方形手柄(针对矩形控件)或者圆形手柄(针对圆形控件)，如图 2-9 所示。当鼠标变为双箭头时，用光标单击大小调节手柄并进行适当的拖曳，直到调整到需要的尺寸后释放鼠标。

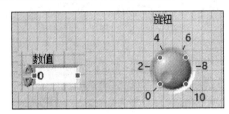

图 2-9　调整控件大小时出现的手柄

7) 字体、字号及颜色的修改

利用工具栏上的"文本设置"(Text Settings)按钮可对前面板和程序框图窗口上所有文本的字体、大小和颜色进行设置。预先选中需要更改的文本，然后单击工具栏上的"文本设置"按钮的下拉列表，从弹出的"文本设置"菜单中选取相应的操作即可。

8) 多个控件的排列

需要对前面板的多个控件进行排列时，使用手动方式移动对象往往不够精确。LabVIEW 提供了便利的工具来自动调整多个对象的位置。

(1) 对齐对象(Align Objects)。"对齐对象"工具用于快速、准确地将前面板控件进行边缘或者中线对齐。单击工具栏中的"对齐对象"工具即可调出该选板，如图 2-10 所示。选板中包含了 6 个子工具，第一行从左到右依次是上边缘(Top Edges)对齐、垂直中心(Vertical Centers)对齐、下边缘(Bottom Edges)对齐，第二行从左到右依次是左边缘(Left Edges)对齐、水平居中(Horizontal Centers)对齐、右边缘(Right Edges)对齐。各个子工具图标非常形象，客户使用非常方便直观。使用时，首先选中几个对象，然后调出"对齐对象"工具选板，单击一下相应的工具，即可按要求对齐对象。

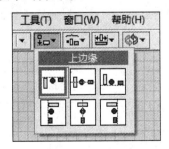

图 2-10　"对齐对象"工具

(2) 分布对象(Distribute Objects)。"分布对象"工具用于快速、准确地将前面板控件进行间距调整，该工具选板紧邻"对齐对象"工具选板。"分布对象"工具的子工具如图 2-11 所示。选板中包含了 10 个子工具，依次为上边缘等距(Top Edges)分布、垂直中心等距(Vertical Centers)分布、下边缘等距(Bottom Edges)分布、垂直间距等距(Vertical Gap)分布、垂直压缩零距离(Vertical Compress)分布、左边缘等距(Left Edges)分布、水平居中等距(Horizontal Centers)分布、右边缘等距(Right Edges)分布、水平方向等间隔(Horizontal Gap)分布、水平压缩零距离(Horizontal Compress)分布等。"分布对象"工具使用方法同"对齐对象"工具一样，这里不再赘述。

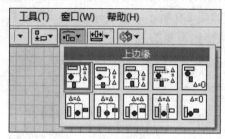

图 2-11   "分布对象"工具

(3) 调整对象大小(Resize Objects)。用鼠标只能调整单个控件的大小，如需要将多个对象严格进行调整时，需要使用工具栏上的"调整对象大小"工具，该工具可以将选中的多个对象的高度、宽度调整为同一个尺寸。单击工具栏中的"调整对象大小"工具即可调出该选板，如图 2-12 所示。选板中包含了 7 个子工具，依次为调至最大宽度(Maximum Width)、调至最大高度(Maximum Height)、调至最大宽度和高度(Maximum Width and Height)、调至最小宽度(Minimum Width)、调至最小高度(Minimum Height)、调至最小宽度和高度(Minimum Width and Height)、使用对话框精确指定宽度和高度(Set Width and Height)等。"调整对象大小"工具使用方法同"对齐对象"工具相同，这里不再赘述。

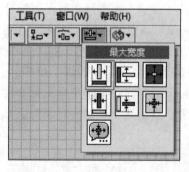

图 2-12   "调整对象大小"工具

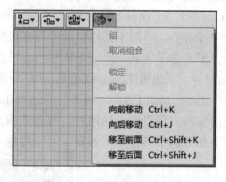

图 2-13   "重新排序"工具

(4) 重新排序(Reorder)工具。前面板上的控件一般情况下是独立的，但有时程序要求将前面板的多个控件重叠或者变为一个整体，此时可以使用工具栏的"重新排序"工具进行调整。"重新排序"工具如图 2-13 所示。下面分别对各个子选板进行介绍。

① 组(Group)。该工具可以将多个控件捆绑在一起，被组合后的多个控件之间的大小比例和相对位置是固定不变的，而且成为一个组合后所有控件可以一起移动、一起改变大

小。操作时，使用定位工具选中一些控件，然后用"组合"命令即可将它们组合在一起。组合以后的控件如果想取消组合，就选中组合的对象然后选择"取消组合"(Ungroup)命令即可。

② 锁定(Lock)。当用户已经在前面板编辑好某些控件的外观和位置，不希望被误删除或者移动时，可以使用"锁定"工具将这些控件固定，而控件被锁定后就不会被误删除，也不能被移动。被锁定的控件如果取消锁定，将其选中后选择"解锁"(Unlock)工具即可解除锁定。

③ 控件层叠。"重新排序"工具下还有一些命令，可以使层叠控件之间的上下层关系改变，从而改变控件之间的相对位置以及可见性。

9) **数值型控件属性设置**

前面板作为与用户交互的窗口，其中的控件需要精心设计与编辑，以实现友好美观且便于操作的用户界面。在需要设置的控件上单击右键，然后点击"属性"(Properties)命令即可弹出属性对话框，在此可对控件进行设置。下面分别介绍控件的外观设置、标尺设置、显示格式设置等。

(1) 外观设置。"量表"(Gauge)控件如图 2-14 所示，其"属性"中的"外观"如图 2-15 所示，其中"标签"为可见，标签名称为"量表"，而"标题"为不可见。

"启用状态"默认为启用，"指针颜色"当前为红色，可以点击红色方框进行颜色修改。

单击"添加"按钮可以为量表增加一个指针，并且可以为这个指针设定颜色。

对话框中还显示出当前控件的尺寸。

图 2-14　"量表"控件

图 2-15　"外观"设置

(2) 显示格式设置。单击"显示格式"标签，即可看到"显示格式"选项卡，如图 2-16 所示。

　　该量表的格式显示为"自动格式"，显示 6 位有效数字；"精度类型"中除了"有效数字"外，还有"精度位数"选项。例如，要显示 1.00，需要在"精度类型"选项中选择"精度位数"，"位数"选择为 2，同时必须将"隐藏无效零"前面的"√"去掉。

图 2-16　"显示格式"设置

　　(3) 标尺设置。单击"标尺"标签，即可看到"标尺"选项卡，如图 2-17 所示。

　　该量表的"刻度范围"显示为 0～10，在此处可以修改标尺的"最小值"和"最大值"。在"标尺样式"选项中，可以设置"主刻度颜色""辅刻度颜色"和"标记文本颜色"；选项卡右侧还有"反转""对数"和"显示颜色梯度"等选项。

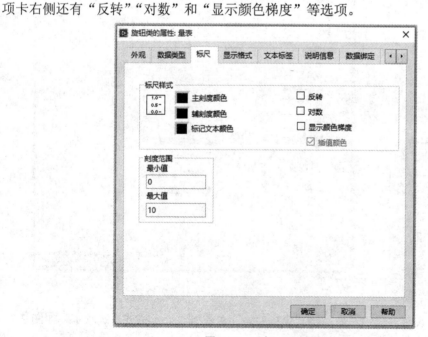

图 2-17　"标尺"设置

10) 布尔型控件属性设置

(1) "外观"设置。在此以一个普通按钮控件为例,其"外观"选项卡为默认选项卡,如图 2-18 所示。

图 2-18　布尔型控件"外观"设置

(2) "操作"设置。"操作"选项卡用于对布尔型控件进行机械动作设置,包括"按钮动作"和"动作解释"。这里列出了按钮的 6 种机械动作方式,右侧则是选中的动作方式的图解和动作解释,如图 2-19 所示。6 种机械动作和动作解释如表 2-2 所示。

图 2-19　布尔型控件"操作"设置

表 2-2 机械动作和动作解释

动作名称	动 作 解 释
单击时转换	按下鼠标时改变值，且新值一直保持到下一次按下该对象时为止
释放时转换	按下鼠标时值不变，释放鼠标时改变值，且新值一直保持到下一次释放该对象时为止
保持转换直到释放	按下鼠标时改变值，且新值一直保持到释放鼠标时为止
单击时触发	按下鼠标时改变值，且新值一直保持到被 VI 读取一次时为止
释放时触发	释放鼠标时改变值，且新值一直保持到被 VI 读取一次时为止
保持触发直到释放	按下鼠标时改变值，且新值一直保持到释放鼠标并被 VI 读取一次时为止

2.2.2 程序框图编辑及 VI 调试

程序框图是以图形形式表示的 LabVIEW 程序源代码，是实现程序功能的核心部分。LabVIEW 2015 提供了创建和调试程序的许多工具，从而使 VI 创建和调试变得更加方便。

1. 程序框图中的对象

程序框图中的对象包括节点、接线端、连线和常量四种。

1) 节点

"节点"(Node)类似于文本编程语言中的操作符、函数或子程序，它拥有多个输入和输出，在 VI 运行时完成一定操作功能。在 LabVIEW 中，节点分为以下四类：

(1) 函数(Function)。函数是完成 LabVIEW 程序功能的最基本成员，相当于文本编程语言的操作符或语句。例如："函数选板"(Functions Palette)下的"数学"(Mathematics)子选板中的所有运算符都是函数，使用连线工具在节点上观察，可以看到接线端子。

(2) 子 VI(Sub VI)。子 VI 区别于普通的节点，它本身是一个程序，并且是用于另一个 VI 的程序，即被另一个 VI 调用的子程序。

从"信号处理"(Signal Dispose)的"信号生成"(Signal Generation)子选板中选择"正弦波"(Sine)即可得到正弦波子 VI，其图标为 。双击图标，可见其前面板和程序框图窗口。

(3) Express VI。Express VI 是一类特殊子 VI，可以通过对话框配置参数，执行常规的测试任务。Express VI 的默认图标为可扩展节点，背景为蓝色。

(4) 结构(Structure)。结构类似于文本编程语言中的循环。结构是控制代码执行的元素，在程序框图中使用结构来重复执行某一段代码，或是有条件执行某一段代码，或是按照一定的顺序来执行。常用的结构有 For 循环、While 循环、条件结构、顺序结构、事件结构等几种。本书第 4 章中将详细介绍各种结构。

图 2-20 所示的程序框图中包含了前面介绍的各种节点。

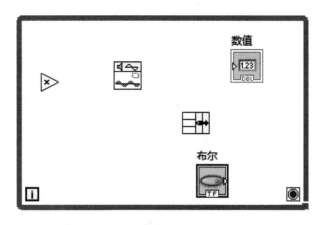

图 2-20　程序框图中的各种节点

2) 接线端

在程序框图中，凡是能够进行连线的都是接线端。接线端可分为两类：控件接线端和节点接线端。

(1) 控件接线端。前面板上所有的控件在程序框图中都会出现一个接线端，其中输入控件的接线端口在右侧，显示控件的接线端口在左侧。图 2-21 所示为旋钮控件及其接线端。图 2-21(a)为前面板的旋钮控件；图 2-21(b)为该旋钮在程序框图中的接线端，是以图标形式显示的；图 2-21(c)为仅显示数据类型(DBL)的接线端。图标和数据类型这两种显示方式可以进行切换，方法是直接在接线端上单击右键，从快捷菜单中进行转换。

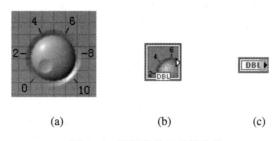

(a)　　　　　　　　(b)　　　　　　　(c)

图 2-21　旋钮控件及其接线端

(2) 节点接线端。节点接线端是节点连线的位置，即数据传递的端点。所有的节点使用连线工具观察，都可看到或多或少的接线端口。

3) 常量

在函数选板中有各种常用的"常量"(Constance)，比如数值常量、布尔常量、字符串常量，用户可以在编写程序时为它赋值。另外，在"数值"(Numeric)子选板中还有各种科学常量，比如自然对数的底 e、回车符等。

创建常量的方法非常简单，直接选中拖曳到需要的位置即可。

4) 连线

"连线"(Wire)用来把程序框图的其他各元素相互连接起来，以传送数据。在 LabVIEW 中，不同的颜色和线型代表了不同的数据类型。

(1) 颜色。连线不同的颜色表示不同的数据类型。一般来说，橙色代表浮点数，绿色代表布尔量，粉红色代表字符串，蓝色代表整型数，等等。

(2) 线型。同样，连线不同的线型也代表不同的数据类型。其中，细线代表单个数据，点线代表布尔量，粗线代表数组，双线代表二维数组，网格线代表簇，等等。

(3) 连线方法。

① "工具选板"中的"自动选择工具"的图标是 。选择该工具后，将鼠标移向某个对象时，会自动变换鼠标为"操作工具""定位工具"或者"连线工具"。

② 直接使用"连线工具" ，当连线工具经过一个接线端时，接线端口会闪烁，此时可以单击鼠标进行连线操作。

(4) 连线路径。LabVIEW 会为连线选择一条合理的路径。

(5) 选择和删除连线。每一条线段都可以单击"定位工具" 来选中，双击线段的拐点可以选中拐点两边的两条线段。已经选中的线段按"Delete"键，可以删除该线段。

(6) 整理程序框图。当手工连线比较杂乱时，LabVIEW 提供了便捷工具可以自动整理连线，方法为：将需要整理的连线使用"定位工具"选中，单击程序框图的"编辑"菜单，然后点击"整理所选部分"(Clean Up Wire)即可快速地进行连线整理，还可使用"Ctrl + U"组合键进行此项操作。图 2-22(a)所示为某程序整理连线前的图形，图 2-22(b)所示为整理连线后的图形。

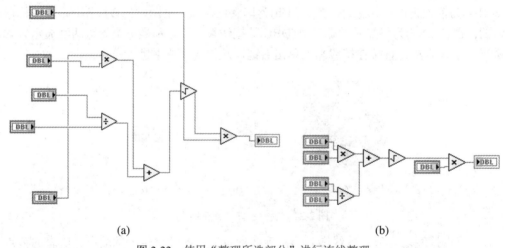

(a)　　　　　　　　　　　　　　　(b)

图 2-22　使用"整理所选部分"进行连线整理

2. VI 程序设计流程

LabVIEW 程序设计主要包括前面板创建、程序框图创建及运行与调试三部分。VI 创建步骤如下。

1) 创建前面板

(1) 根据 VI 设计要求，在前面板中单击鼠标右键打开控件选板，选择所需的输入控件、显示控件，用鼠标拖动到相应前面板的位置，然后松开鼠标，图标放置完毕。

(2) 根据要求对每个控件的属性进行设置。

2) 创建程序框图

(1) 在程序框图中单击鼠标右键打开函数选板，选择所需的函数，用鼠标拖动到相应前面板的位置，然后松开鼠标，图标放置完毕。

(2) 利用连线工具将程序框图中的接线端连接构成完整程序。

3) 程序运行与调试

程序编写完成后，在前面板为各种输入控件赋值，然后点击工具栏的运行程序按钮，运行程序，并可修改参数完成程序调试。

4) 保存程序

程序运行正常，将程序命名(程序名后缀必须为.VI)并保存。

2.3　VI 的运行与调试

VI 编写完成之后，要对程序进行运行与调试来测试程序是否能够产生预期的结果。如果运行结果不正确，还要利用 LabVIEW 提供的工具进行问题查找等调试工作。

2.3.1　VI 的运行

1. VI 运行工具

VI 的运行有两种方法，即运行和连续运行。

(1) 单击"运行"按钮 ⬙，程序执行一次，同时按钮会变为 ⮕。

运行时，如果面板工具栏上的运行按钮 ⬙ 变为折断箭头 ⬙，说明程序存在错误；单击折断箭头则可出现"错误列表"(Error List)窗口。错误列表分为三部分，如图 2-23 所示。

第一栏(VI list)列出错误的程序名称。

第二栏(Error and Warnings)列出程序中错误节点名称及错误原因。

第三栏(Details)显示错误详细原因及改正方法。

双击每条错误会在框图程序中以高亮形式显示错误节点和连线。

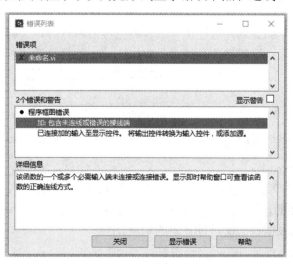

图 2-23　错误列表

(2) 单击"连续运行"按钮 ⟳，程序可连续运行，同时该按钮会变为 ⟳，再次单击该按钮后程序便会停止连续运行。

需要暂停运行程序时，单击"暂停"按钮 ▌▌，VI 程序会暂停执行；单击暂停按钮时，程序框图中暂停执行的位置将高亮显示，再按一次可继续运行 VI。运行暂停时，暂停按钮为红色。

需要停止程序时，可单击"异常终止执行"按钮 ⊙。在 VI 运行时，该按钮才可用，尽管此按钮可以结束 VI 的执行，但是通常应该避免用这种方法结束程序的执行。异常终止执行按钮可在 VI 完成当前循环前使 VI 立即停止运行。终止使用外部资源(如外部硬件)的 VI 可能导致外部资源无法恰当复位或释放，并停留在一个未知的状态。VI 设计有一个停止按钮，可防止此类问题的发生。

2. 高亮方式运行程序

单击程序框图工具栏的"高亮执行"按钮 ⊙，该图标变为 ⊙。此时，数据以高亮方式在连线和节点中流动，设计者可以清晰地观察到数据流的产生和走向是否存在错误。选择高亮执行会使程序运行速度变慢。

2.3.2　VI 的调试

除了高亮执行外，LabVIEW 还提供了断点工具和探针工具，方便用户控制程序执行和实时观察变量值。断点工具和探针工具由工具选板来提供。

1. 断点诊断

"断点"(Breakpoint)用来使程序执行中在某一位置暂停，以便观察中间结果。断点创建的方法有以下两种：

(1) 运行程序前，在工具选板中点击"断点"工具 ⊙，在需要执行暂停的位置(连线上、节点或子 VI 上)单击即可添加断点。

(2) 在需要执行暂停的位置(连线上、节点或子 VI 上)单击右键，在弹出的快捷菜单中选择"断点"→"设置断点"选项，可添加断点。

添加的断点为红色的圆点。程序运行后，数据流经断点时，会暂停执行，同时暂停按钮显示为红色。如果断点设置在函数或者子 VI 上，VI 的背景和边框会不断闪烁以引起用户的注意，此时单击工具栏上的"暂停"按钮，程序就会运行到下一个断点或直到程序运行结束。

需要清除断点时，再次使用断点工具单击该对象，即可清除该断点；也可用定位工具右键单击断点，从弹出的快捷菜单中选择"断点"→"清除断点"选项，将其删除。

2. 探针诊断

程序调试过程中，将"断点"工具与"探针"(Probe)工具配合使用可确认数据是否有误，并找到错误所在的位置。探针的功能是在程序运行时会立即显示流过某一连线的数据值等信息，甚至可以根据数据值进行一定的响应。

探针使用方法如下：

(1) 在工具选板中点击"探针"工具 ⊙，在连线上单击即可添加探针，同时在连线上会出现一个探针号，并且会弹出"探针监视窗口"，如图 2-24 所示。该程序中放置了 3 个探针，在"探针监视窗口"中可以监测这 3 个位置的实时数据。

（2）右键单击连线，从弹出的快捷菜单中选择"探针"选项即可添加一个探针，同时会弹出"探针监视窗口"。

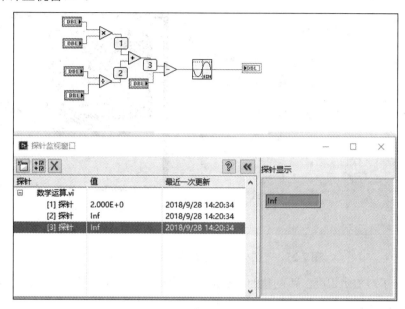

图 2-24　探针及探针监视窗口

与断点不一样，探针不用时，不需要逐个点击去清除，当探针监视窗口关闭后探针即可随之消失。

2.4　创建子 VI

2.4.1　创建子 VI

LabVIEW 中的子 VI 相当于普通编程语言中的子程序，也就是被其他 VI 调用的 VI。子 VI 是层次化、模块化 VI 的关键，子 VI 可以使程序更加简洁明了，也使 VI 更加易于调试和维护，而且有了子 VI 就可以构建更大的程序。

用户可以将编写好的子 VI 用一个较小的图标来表示，当其他程序需要调用这个子 VI 时，直接调用该图标即可。所以，需要给这个子 VI 创建个性化的图标及所需的连接器。该图标是这个子 VI 的图形描述，而连接器则定义了子 VI 的输入和输出端口，子 VI 与高层程序框图通过连接器的端口进行数据交流。

1．编辑子 VI 图标

LabVIEW 为每个程序创建了一个默认图标，它位于前面板和程序框图窗口的右上角，为了便于在高层程序中对这个子 VI 进行识别，可对该图标进行编辑。使用鼠标右键单击前面板或程序框图窗口的图标，在弹出的快捷菜单中选择"编辑图标"选项，或者双击这个图标，都会弹出图 2-25 所示的"图标编辑器(数学运算.vi)"对话框。在该对话框中，使用右侧的工具即可对该图标进行编辑，编辑完成点击"确定"按钮即可生成新的图标。

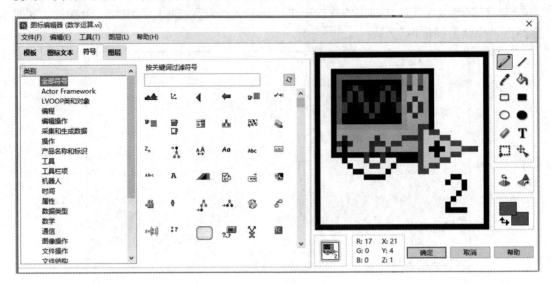

图 2-25 "图标编辑器(数学运算.vi)"对话框

注意：为了增加辨识度，新创建的图标最好能有一定的意义，能反映出该子 VI 的功能。

2．编辑连接器

连接器用于子 VI 与高层程序进行数据传递的输入/输出接口。如果用前面板输入控件或者显示控件从子 VI 中输出或者输入数据，那么这些控件都需要在连接器中有一个连接端子，同时需要为每一个端子指定对应的前面板控件，因此必须对连接器进行创建。连接端口图集如图 2-26 所示。

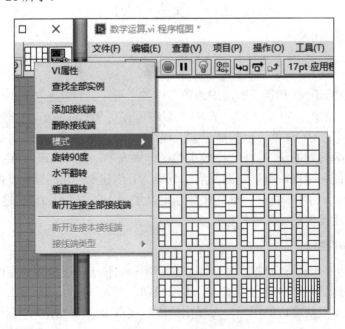

图 2-26 连接端口图集

连接器图标位于窗口的右上角,创建连接器方法:使用鼠标单击 VI 前面板的右上角连接器图标█,在弹出的快捷菜单中选择"模式"选项,即可出现各种接线端子形式图集,选择需要的模式即可。

在初始情况下,接线端子并未与任何控件相连,所有的端子都是空白的小方格。需要使用连线工具为前面板控件和连接器端口进行匹配,操作步骤如下:

(1) 用连线工具单击连接器端口,端口变为黑色。

(2) 在前面板上,单击要指定给所选端口的控件,虚线选取框将框住控件。

(3) 在前面板空白区域单击,选取框消失,所选端口将呈现连接对象的数据颜色,表示该端口已被指定。

(4) 对要连接的每个控件和连接器重复以上 3 个步骤。

(5) 给 VI 命名并保存。

2.4.2 调用子 VI

编辑好图标和连接器后,子 VI 就可以被其他程序调用。在新的 VI 中的程序框图中,单击右键在弹出的函数选板中点击"选择 VI"选项,即可在"文件选择"对话框中选择之前保存的子 VI。

综 合 实 训

本章任务:用两种方法(普通函数法和公式法)实现数学运算。

$\sin(X1 \times X2 + X3/X4 - X5) + abs(X6) + sqrt(X7) + pi \times X8$。要求为 X1~X8 分别赋值 1~8,运行并调试该程序。

该题目中涉及简单的数学运算及三角函数运算,首先明确"abs"为取绝对值,"sqrt"为平方根,"pi"为科学常量 π,接下来使用两种编程方法实现该运算。

1. 普通函数法编程

(1) 创建前面板:在前面板中创建 8 个数值型输入控件,1 个数值型显示控件,并分别加上标签,如图 2-27 所示。

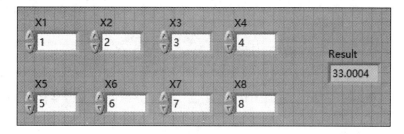

图 2-27 数学运算程序的前面板

(2) 创建程序框图:放置该运算所需的函数,将前面板控件与函数依次连接,如图 2-28 所示。

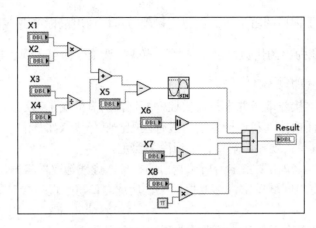

图 2-28　数学运算程序的程序框图(1)

(3) 为前面板的 8 个输入控件分别赋值 1～8，运行程序。

2. 公式法编程

打开函数选板，从"数学"的"脚本与公式"(Script and Formula)子选板中选择"公式"(Formula)，将其拖至程序框图空白处即可弹出如图 2-29 所示的"配置公式"(Configure Formula)对话框。在该对话框中直接编辑公式，编辑完成后点击"确定"按钮即可。

然后将前面板控件在程序框图中的接线端与"公式 VI"相连接后，运行调试该程序，如图 2-30 所示。

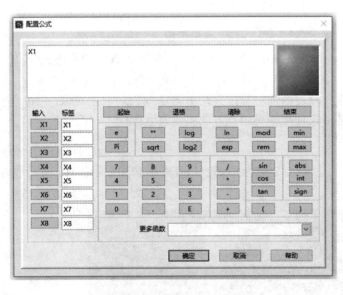

图 2-29　"配置公式"对话框

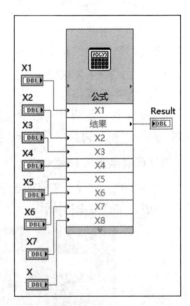

图 2-30　数学运算程序的程序框图(2)

小　结

LabVIEW 与其他文本编程语言一样，掌握其编程方法是最基本要求。本章主要介绍了前面板和程序框图的编辑方法，VI 的编程、运行和调试方法，以及子 VI 的创建与调用方法。通过本章的学习，学生可以了解 LabVIEW 中 VI 的组成及编辑方法，并掌握程序编写、运行与调试方法。

评价与考核如表 2-3 所示。

表 2-3　评价与考核

【评估表】				
系部:　　　　　　　　　　班级:　　　　　　　　　　日期:				
学习领域: 虚拟仪器与 LabVIEW 编程技术		学习情境: 简单 VI 的设计与实现		
学员名单:		授课教师:	总得分:	
工作任务 1: 项目实施前的准备				
序号	测评项目	学员自评	学员互评	教师打分
1	计算机的基本操作(打开、保存、关闭)			
2	LabVIEW 程序知识(程序的组成、基本功能)			
3	计算机功能检测(正常工作、故障判断)			
工作任务 2: 启动计算机				
序号	测评项目	学员自评	学员互评	教师打分
1	调入 LabVIEW 软件(软件调用操作步骤)			
2	启动程序界面 (启动界面基本操作步骤)			
3	程序界面的基本操作 (程序界面的操作步骤)			
工作任务 3: 编程				
序号	测评项目	学员自评	学员互评	教师打分
1	前面板图标的调用及放置布局合理性			
2	程序框图图标的调用及放置、连线合理性			
3				
工作任务 4: 运行与分析				
序号	测评项目	学员自评	学员互评	教师打分
1	前面板参数输入正确、错误的判断			
2	判断运行结果			
3	对程序的修改及运行、分析原因、解决方法			
工作任务 5: 提交数据和报告				
序号	测评项目	学员自评	学员互评	教师打分
1	填写实训报告			
2	打印编程(前面板、程序框图)、存档			

习　题

1．LabVIEW 的 VI 包括哪几部分？如何在它们之间进行切换？

2．比较 LabVIEW 工具栏和程序框图工具栏的相同之处和不同之处。

3．在前面板上随便放置 5 个控件，按下面要求进行操作。

(1) 将这 5 个控件设置成大小相同。

(2) 将这 5 个控件顶端对齐，水平中心分布，组合在一起并锁定。

4. 简述 LabVIEW 中 VI 的创建步骤。

5．程序框图由哪些对象构成？有哪几类节点和接线端？

6. 如何设置断点？如何放置探针？

7. 编写程序：将旋钮的值的 2 倍赋予仪表，并用两种方式显示出来(模拟显示和数字显示)。

第 3 章 数据类型与运算

学习目标

1. 任务说明

在自动化测试中，需要往被测产品中设置各种输入量，以及从待测产品采集各种输出量，输入和输出量数据类型往往是不一样的，而且一些数据量经常需要进行运算和处理。

因此，本章的主要目标是个人资料簇(包含姓名、年龄、性别三个元素)的打包(有两种方式：按元素和按名称)与解包(有两种方式：按元素和按名称)。学习目标如下：

(1) 了解常用的数据类型和设置。

(2) 掌握各种数据类型相关的函数。

(3) 了解前面板的设计技巧。

(4) 学习使用 LabVIEW 的编程方式。

2. 知识和能力要求

1) 知识要求

(1) 掌握常用的数据类型和设置。

(2) 掌握各种数据类型相关的函数。

(3) 掌握程序调试方法。

2) 能力要求

(1) 能够灵活使用各种结构进行编程。

(2) 能够熟练掌握程序调试技巧。

3.1 数 值 型

数值型(Numeric)数据是 LabVIEW 中最基本的数据类型，直接用数字常量进行表达，如 10、105、0.32 等。程序的核心任务是处理数据，LabVIEW 支持所有的常见数据类型，如数值型、布尔型、字符串、波形、数组、簇、输入/输出、路径、时间、枚举型、图片等。数据类型决定数据的存储空间大小与操作方式。程序框图中每个接线端对数据类型都有一定的要求。数值型数据类型选板如图 3-1 所示。

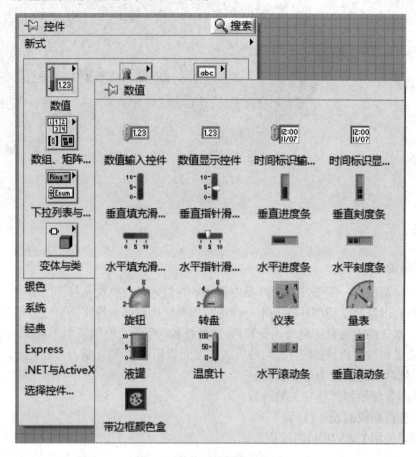

图 3-1　数值型数据类型选板

3.1.1　数值类型

　　数值型数据随着精度和取值范围的不断扩大，占用的内存也不断增大，因此，一般在设计程序时，在满足取值范围的前提下，尽可能选用取值范围较小的数据类型。当变量的取值范围不能确定时，可以选用取值范围较大的数据类型以保证数据安全。基本数据类型如表 3-1 所示。

表 3-1　数据类型表

数据类型	标记	颜色	默认值	简　要　说　明
单精度浮点数	SGL	橙色	0.0	内存存储格式 32 位
双精度浮点数	DBL	橙色	0.0	内存存储格式 64 位
扩展精度浮点数	EXT	橙色	0.0	内存存储格式 80 位
复数单精度浮点数	CSG	橙色	0.0+i0.0	实部和虚部内存存储格式均为 32 位
复数双精度浮点数	CDB	橙色	0.0+i0.0	实部和虚部内存存储格式均为 64 位
复数扩展精度浮点数	CXT	橙色	0.0+i0.0	实部和虚部内存存储格式均为 80 位

数据类型	标记	颜色	默认值	简 要 说 明
8 位整型数	I8	蓝色	0	取值范围 −128～127
16 位整型数	I16	蓝色	0	取值范围 −32 768～32 767
32 位整型数	I32	蓝色	0	取值范围 −2 147 483 648～2 147 483 647
64 位整型数	I64	蓝色	0	取值范围 −1e19～1e19
8 位无符号位整型数	U8	蓝色	0	取值范围 0～255
16 位无符号位整型数	U16	蓝色	0	取值范围 0～65 535
32 位无符号位整型数	U32	蓝色	0	取值范围 0～4 294 967 295
64 位无符号位整型数	U64	蓝色	0	取值范围 2e19

3.1.2　数值型数据的设置

在前面板点击"控件选板"→"新式"→"数值"，子模板中可以设置数值型数据，如图 3-2 所示。选好数值型数据后单击右键，选择"属性"，在数据类型当中可以对数据的长度和类型进行修改，如图 3-3 所示。

图 3-2　数值型数据属性设置　　　　　　图 3-3　数值型数据类型设置

数值型数据是 LabVIEW 最基本、最常用的数据类型，既可以作为输入参数，也可以作为输出显示；同时可以根据程序不同的需求，设置数据的长度。

3.1.3　数值计算函数

除了基本数据类型的设置，LabVIEW 还提供了多种数值型数据的计算函数。在程序编程的面板下单击右键，选择"数值"选板，就能看到各种数值运算函数，如图 3-4 所示。

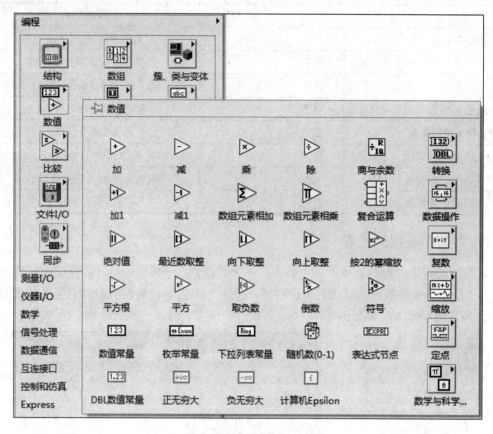

图 3-4　数值运算函数

表 3-2 是数值运算函数的基本说明。

表 3-2　数值运算函数说明表

选板对象	说　明
DBL 数值常量	通过该常量可在程序框图上传递双精度浮点数；通过操作工具单击常量内部并输入值可设置常量
按 2 的幂缩放	x 乘以 2 的 n 次幂
表达式节点	表达式节点用于计算含有单个变量的表达式
乘	返回输入值的乘积
除	计算输入的商
倒数	用 1 除以输入值
符号	返回数字的符号
复合运算	对一个或多个数值、数组、簇或布尔输入执行算术运算
计算机 Epsilon	表示浮点数对于指定精度的舍入误差，用于比较两个浮点数是否相同
加	计算输入的和

选板对象	说　　明
加 1	输入值加 1
减	计算输入的差
减 1	输入值减 1
绝对值	返回输入的绝对值
枚举常量	通过该常量可在程序框图上创建供用户选择列表(包含字符串标签及相应的整数值)
平方	计算输入值的平方
平方根	计算输入值的平方根
取负数	输入值取负数
商与余数	计算输入的整数商和余数。此函数把 floor(x/y) 舍入为负无穷大的整数值
数值常量	数值常量用于传递数值至程序框图
数组元素相乘	返回数值数组中所有元素的积。如数值数组为空数组，则函数返回值 1；如数值数组只有一个元素，则函数返回该元素
数组元素相加	返回数值数组中所有元素的和
随机数(0～1)	产生 0～1 之间的双精度浮点数。如产生的数字大于等于 0 且小于 1，则呈均匀分布
下拉列表常量	通过下拉列表常量，创建可供用户在程序框图上选择值的列表。每对值包括数值及其相应的字符串标签
向上取整	输入值向最近的最大整数取整
向下取整	输入值向最近的最小整数取整
最近数取整	输入值向最近的整数取整。若为两个整数的中间值，则该函数可返回最近的偶数

例如：选取加法运算进行说明。

加(函数)：计算输入的和。

所属选板：数值函数。

如果连线两个波形数据或动态数据类型至该函数，则函数可显示错误输入和错误输出接线端，不能对两个时间标识的值求和。相加的两个矩阵的维数必须相同，否则，函数返回空矩阵。连线板可显示该多态函数的默认数据类型，如图 3-5 所示。

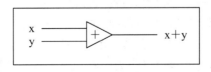

图 3-5　求和运算程序框图

x 可以是标量数值、数值数组或簇、数值簇组成的数组等多种数据类型。

y 可以是标量数字、定点数字、数字数组或簇、数字簇数组或时间标识等。

x + y 是 x 与 y 的和。

连接矩阵至该函数的输入端时，该函数会被替换为一个 VI，其中包含可处理矩阵的子 VI。得到的 VI 图标相同，但其中包括与矩阵相关的算法。如在输入端断开与矩阵的连接，仍可将该节点作为一个 VI 使用。连接其他数据类型作为输入时，该节点将恢复为原来的函数。如果数据类型连线至函数后导致基本数学运算的失败，则该函数可返回空矩阵或 NaN。通过复合运算函数可添加两个或多个值。连线定点值至加、减、乘和平方根等数值函数，则函数返回的值通常不会丢失任何字长的位数。但是，如果运算所得结果超过 LabVIEW 能接受的最大字长，则可能发生溢出或凑整情况。LabVIEW 接收的最大字长为 64 位。通过数值节点属性对话框为定点数配置 LabVIEW 处理溢出或凑整的方法。

演示加函数处理不同数据类型的方法，如图 3-6 所示。该方法同样适用于包括复合运算在内的其他数值函数。"复合运算"函数可对两个以上的输入进行数值操作，如图 3-7 所示。

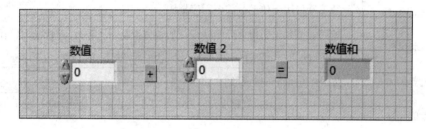

图 3-6　数值加法运算前面板

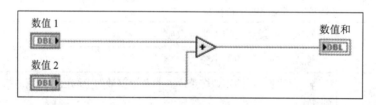

图 3-7　数值加法运算程序

3.2　布　尔　型

3.2.1　布尔型数据

布尔(Boolean)控件代表一个布尔类型值,只能是 True 或 false,它既可以代表按钮输入,也可以当成指示灯显示进行信号输出。程序框图中，要对布尔量进行操作可以选择"函数选板"→"编程"→"布尔"，得到"布尔"类型数据，如图 3-8 所示。

布尔型数据可以作为输入，也可以作为输出，输入有开关按钮、翘板开关、确定按钮等，而输出按钮有方形指示灯、圆形指示灯。

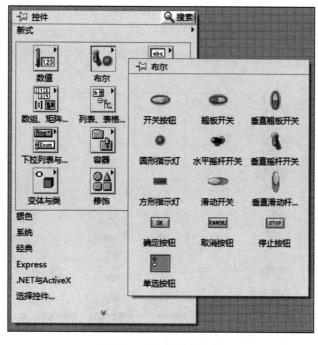

图 3-8　布尔型数据选板

　　对于输入型数据，单击右键选择"属性"，可以在　"操作"中选择模拟真实开关的一种开关控制特性，如图 3-9 所示。机械动作定义了用鼠标单击按钮或开关时，其值在什么时候发生数值变化。

图 3-9　布尔型输入操作选板

3.2.2 布尔型函数

在程序面板选择"布尔"可以看到布尔型运算函数，其中包含了与、或、非等运算，如图 3-10 所示。

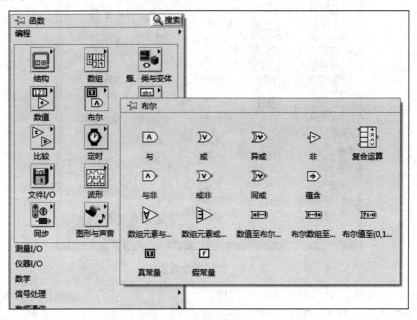

图 3-10 布尔型函数选板

表 3-3 是布尔型运算函数的基本说明。

表 3-3 布尔型运算函数说明表

选板对象	说　明
布尔数组至 数值转换	使用布尔数组作为数字的二进制来表示，使布尔数组转换为整数或定点数。如数字有符号，则 LabVIEW 可使数组作为数字的补数表示。数组的第一个元素与数字的最低有效位相对应
布尔值至 (0, 1)转换	使布尔值 false 或 true 分别转换为十六位整数 0 或 1
非	计算输入的逻辑非。如 x 为 False，则函数返回 true；如 x 为 True，则函数返回 false
复合运算	对一个或多个数值、数组、簇或布尔输入执行算术运算
或	计算输入的逻辑或。两个输入必须为布尔值、数值或错误簇。如两个输入都为 false，则函数返回 false；否则，函数返回 True
或非	计算输入的逻辑或非。两个输入必须为布尔值、数值或错误簇。如两个输入都为 False，则函数返回 True；否则，函数返回 False
假常量	通过该常量为程序框图提供 False 值
数值至 布尔数组转换	使整数或定点数转换为布尔数组

选板对象	说　　明
数组元素或操作	如布尔数组中的所有元素为 False，或布尔数组为空，则返回 False；否则，函数返回 True。该函数接收任何大小的数组，对布尔数组中的所有元素进行与操作，最后返回值
数组元素与操作	如布尔数组中的所有元素为 True，或布尔数组为空，则返回 True；否则，函数返回 False。该函数接收任何大小的数组，对布尔数组中的所有元素进行与操作，最后返回值
同或	计算输入的逻辑异或(XOR)的非。两个输入必须为布尔值、数值或错误簇。如两个输入都为 True 或 False，则函数返回 True；否则，函数返回 False
异或	计算输入的逻辑异或(XOR)。两个输入必须为布尔值、数值或错误簇。如两个输入都为 True 或 False，则函数返回 False；否则，函数返回 True
与	计算输入的逻辑与。两个输入必须为布尔值、数值或错误簇。如两个输入都为 True，函数返回 True；否则，函数返回 False
与非	计算输入的逻辑与非。两个输入必须为布尔值、数值或错误簇。如两个输入都为 True，则函数返回 False；否则，函数返回 True
蕴含	使 x 取反，然后计算 y 和取反后的 x 的逻辑或。两个输入必须为布尔值、数值或错误簇。如 x 为 True 且 y 为 False，则函数返回 False；否则，函数返回 True
真常量	通过该常量为程序框图提供 True 值

以"与"运算作为例子进行说明。

例如：演示"与"函数的操作，但比较的方法也同样适用于包括复合运算在内的其他布尔函数。"复合运算"函数可对两个以上的输入进行布尔操作。布尔与运算前面板如图 3-11 所示，布尔与运算程序如图 3-12 所示。

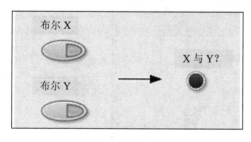

图 3-11　布尔与运算前面板

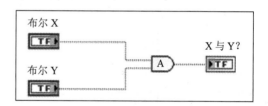

图 3-12　布尔与运算程序

3.3　字　符　串　型

字符串(String)是一系列可显示的或不可显示的 ASCII 码字符的集合。程序中通常在以下情况用到字符串传递信息，创建简单的文本信息或对话框提示。在这种情况下，我们也可以在中文操作系统中使用汉字。当存储数据，数值型数据作为 ASCII 文件存盘时，必须先把它转换为字符串。仪器通信，通常把数值型的数据作为字符串传输给仪器，然后再将字符串转化为数字。

3.3.1　字符串控件

在字符串控件中可以选择字符串输入和输出控件。字符串控件选板如图 3-13 所示，字符串控件前面板如图 3-14 所示。

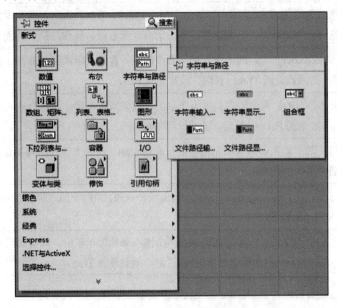

图 3-13　字符串控件选板　　　　　　　　图 3-14　字符串控件前面板

使用鼠标右键单击字符串控件，选择属性，可以对字符串类型的数据进行属性设置，包括显示样式、标签、标题等，如图 3-15 所示。

图 3-15　字符串属性选板

3.3.2　字符串函数

字符串在 LabVIEW 编程中会经常用到，因此 LabVIEW 内置了功能丰富的字符串函数用于字符串的处理，用户不需要再像 C 语言中那样为字符串的操作编写繁琐的程序。字符串控件包括输入控件、显示控件和下拉框，如图 3-16 所示。

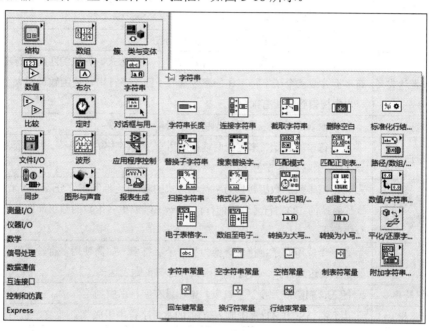

图 3-16　字符串函数选板

表 3-4 为字符串函数的基本说明。

表 3-4　字符串函数说明表

选板对象	说　明
标准化行结束符	转换输入字符串的行结束为指定格式的行结束。如未指定行结束格式，则 VI 将转换字符串的行结束为当前系统平台支持的行结束
创建文本	对文本和参数化输入进行组合，创建输出字符串。如输入的不是字符串，则该 Express VI 将依据配置使之转化为字符串
电子表格字符串至数组转换	使电子表格字符串转换为数组，维度和表示法与数组类型一致。该函数适用于字符串数组和数值数组
格式化日期/时间字符串	通过时间格式代码指定格式，按照该格式使时间标识的值或数值显示为时间
格式化写入字符串	使字符串路径、枚举型、时间标识、布尔或数值数据格式化为文本
行结束常量	由包含基于平台的行结束值的常量字符串组成
换行符常量	由含有 ASCII LF 值的常量字符串组成
回车键常量	由含有 ASCII CR 值的常量字符串组成
截取字符串	返回输入字符串的子字符串，从偏移量位置开始，包含长度个字符

续表

选板对象	说　明
空格常量	该常量用于为程序框图提供字符空格
空字符串常量	由空字符串常量(长度为 0)组成
连接字符串	连接输入字符串和一维字符串数组作为输出字符串。对于数组输入，该函数连接数组中的每个元素
匹配模式	在从偏移量起始的字符串中搜索正则表达式
匹配正则表达式	在输入字符串的偏移量位置开始搜索正则表达式。如找到匹配字符串，则将字符串拆分成三个子字符串和任意数量的子匹配字符串。使函数调整大小，查看字符串中搜索到的所有部分匹配
扫描字符串	扫描输入字符串，然后依据格式字符串进行转换
删除空白	在字符串的起始、末尾或两端删除所有空白(空格、制表符、回车符和换行符)。该 VI 不删除双字节字符
数组至电子表格字符串转换	使任何维数的数组转换为字符串形式的表格(包括制表位分隔的列元素、独立于操作系统的 EOL 符号分隔的行)，对于三维或更多维数的数组而言，还包括表头分隔的页
搜索替换字符串	使一个或所有子字符串替换为另一子字符串。如需使用多行输入端，则启用高级正则表达式搜索，右键单击函数并选择正则表达式
替换子字符串	插入、删除或替换子字符串，偏移量在字符串中指定
制表符常量	由含有 ASCII HT(水平制表位)值的常量字符串组成
转换为大写字母	使字符串中的所有字母字符转换为大写字母，使字符串中的所有数字作为 ASCII 字符编码处理。该函数不影响非字母表中的字符
转换为小写字母	使字符串中的所有字母字符转换为小写字母，使字符串中的所有数字作为 ASCII 字符编码处理。该函数不影响非字母表中的字符
字符串常量	通过该常量为程序框图提供文本字符串常量
字符串长度	通过长度返回字符串的字符长度(字节)

1. 字符串连接函数

字符串连接函数用来连接输入字符串和一维字符串数组作为输出字符串。对于数组输入，该函数连接数组中的每个元素。右键单击函数，在快捷菜单中选择添加输入，或调整函数大小，均可向函数增加输入端。字符串连接函数接线说明如图 3-17 所示。

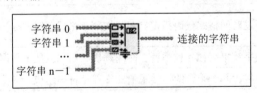

图 3-17　字符串连接函数接线说明

字符串连接函数常用于合并多个独立的字符串为一个字符串，如图 3-18 所示。字符串连接函数程序如图 3-19 所示。

可以调整字符串连接函数的大小以容纳更多输入端。

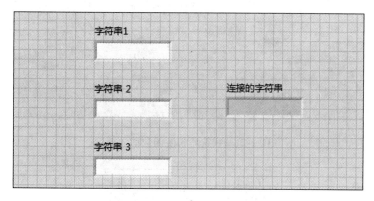

图 3-18　字符串连接函数前面板

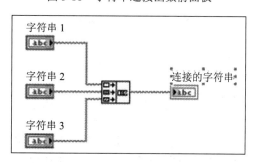

图 3-19　字符串连接函数程序

2. 字符串截取函数

字符串截取函数用来返回输入字符串的子字符串，从偏移量位置开始，包含长度个字符。连线板可显示该多态函数的默认数据类型。偏移量指定字符串中的字符数值，函数在该字符数值后开始查找匹配。偏移量必须为数值，而且字符串中第一个字符的偏移量为 0。如偏移量未连线或小于 0，则函数将使用 0 作为偏移量。长度也必须为数值。如长度未连线，则默认值为字符串长度减去偏移量。子字符串如偏移量大于字符串的长度，或长度小于等于 0，则值为空；如长度大于或等于字符串长度减去偏移量，则子字符串是从偏移量开始的剩余部分。字符串截取函数接线说明如图 3-20 所示。

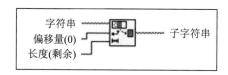

图 3-20　字符串截取函数接线说明

3. 字符串长度函数

字符串长度函数通过长度返回字符串的字符长度(字节)。连线板可显示该多态函数的默认数据类型。字符串可以是一个字符串或者只包含字符串的数组或簇。长度的结构与字符串一致。字符串长度函数前面板如图 3-21 所示，程序如图 3-22 所示。

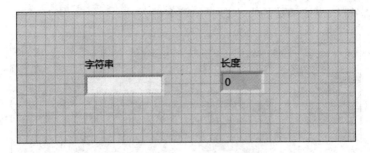

图 3-21　字符串长度函数前面板

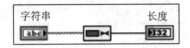

图 3-22　字符串长度函数程序

4. 替换子字符串函数

　　替换子字符串函数用来插入、删除或替换子字符串，偏移量在字符串中指定。字符串是要替换字符的字符串。

　　子字符串包含用于替换字符串中位于偏移量处的长度个字符的子字符串。偏移量确定输入字符串中开始替换子字符串的位置。长度确定字符串中替换子字符串的字符数。如子字符串为空，则删除从偏移量开始的长度个字符，结果字符串包含已经进行替换的字符串，并且替换子字符串包含字符串中替换的字符串。该函数从偏移量位置开始在字符串中删除长度个字符，并使删除的部分替换为子字符串。如长度为 0，则替换子字符串函数在偏移量位置插入子字符串。如字符串为空，则该函数在偏移量位置删除长度个字符。替换子字符串函数接线说明如图 3-23 所示。

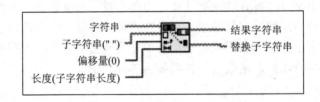

图 3-23　替换子字符串函数接线说明

5. 转换为大写字母函数

　　转换为大写字母函数用来使字符串中的所有字母字符转换为大写字母，使字符串中的所有数字作为 ASCII 字符编码处理。该函数不影响非字母表中的字符。连线板可显示该多态函数的默认数据类型。字符串可以是字符串、字符串簇、字符串数组或字符串簇数组。所有大写字母字符串的结构与字符串一致。如字符串为数值或数值数组，每个数值都以 ASCII 编码值表示。该函数可使 97～122 范围内的所有值转换为 65～90 的范围。同时，该函数也可转换扩展 ASCII 字符集中其他任何具有对应大写字母的字符的值(例如，带有重音的小写字母字符)。转换大写字母函数接线说明如图 3-24 所示。

图 3-24　转换大写字母函数接线说明

3.4　局部和全局变量

3.4.1　局部变量

LabVIEW 编程是通过接线方式来进行数据传输,当需要在程序框图中多个位置访问同一个参数时,接线会比较困难甚至造成数据混淆。局部变量用来在一个 VI 内部传递数据,它不仅可以解决连线的困难,而且可以在对同一个控件的多次访问中既可以写入数据也可以读取数据。

创建局部变量的方法有以下两种:

(1) 使用鼠标右键单击前面板中已有的对象,在弹出的快捷菜单中选择"创建"→"局部变量",即可为该对象建立局部变量,如图 3-25 所示。

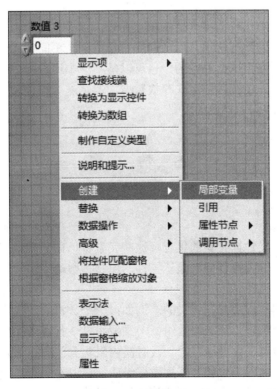

图 3-25　局部变量前面板设置

通过函数选板建立局部变量。如图 3-26 所示，选择"数据通信"→"局部变量"，并将其拖放到程序框图上，在图标上单击鼠标右键弹出快捷菜单，选择"选择项"，连接对象。

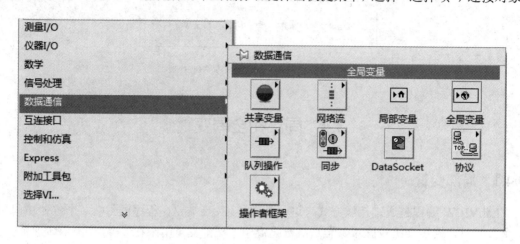

图 3-26　局部变量程序面板设置

局部变量既可以从它的前面板控件读数据，也可以向它的前面板控件写数据，而不必考虑这个控件是输入控件还是显示控件，只需要改变这个局部变量的数据流方向即可。

3.4.2　全局变量

局部变量与前面板上已有的某个控件相互关联，用于在一个程序的不同位置访问同一控件，实现一个程序内的数据传递。而全局变量是用于在不同的程序之间进行数据传递，这些互相传递数据的程序可以是并行的，也可以是不便于通过接口传递数据的子程序和主程序。全局变量也是用一个控件的形式存放数据，但是这个控件和调用它的 VI 是相互独立的，以一个特殊的 VI 作为自己的容器。

3.5　数　　组

3.5.1　数组的概念

数组(Array)是同一类数据元素的集合，这些元素可以同是数值型、布尔型、字符串、波形等，也必须同时为输入控件或者显示控件。但是，数组、子前面板、表单、图形等不能作为数组元素。

一个数组是由数据和维数共同定义的。例如：一个数据采集通道在一段时间内采集到的电压值可以构成一个数组，即一维数组；一维数组是一行或者一列数据，可以描绘平面上的一条曲线。两个数据采集通道在同一段时间内采集到的电压值也可以构成一个数组，即二维数组；二维数组由若干行和若干列数据组成，可以在一个平面上描绘多条曲线。三个数据采集通道在不同段时间内采集到的电压值可以构成一个数组，即三维数组；三维数组由若干页组成，每一页又是一个二维数组。

一个数组中，每个维的元素可以有 $2^{31}-1$ 个。

3.5.2　创建数组

1. 一维数组的创建

(1) 在前面板的控件选板中的"数组、矩阵与簇"子选板(如图 3-27 所示)中选择"数组"控件拖至前面板位置，即创建了一个数组外框，如图 3-28(a)所示。

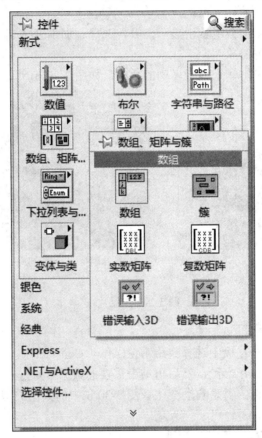

图 3-27　数组子模板

(2) 把一个数据对象，如数值型、布尔型、字符串等的控制或指示，拖入数组外框中，松开鼠标完成数组创建。图 3-28(b)中创建了一个数值型数组输入控件，数组外框会根据对象的大小自动调整为相应的尺寸。数组在程序框图中的图标如图 3-28(c)所示。

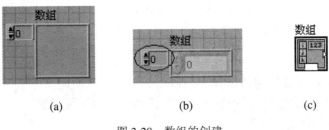

(a)　　　　　　　　　(b)　　　　　　　　　(c)

图 3-28　数组的创建

索引是数组操作中的一个重要概念,通过索引可以操作数组元素、行、列和页的定位、存取。LabVIEW 的索引是从 0 开始的。例如,一维数组共有 N 个元素,其索引的范围是 0～N−1。图 3-28(b)中椭圆部分为索引号的显示和设置区域。

2.二维数组的创建

二维数组是在一维数组的基础上创建的。二维数组有两个索引:行索引和列索引。如图 3-29(a)所示的椭圆部分,其中上一行为行索引,下一行为列索引。

二维数组的创建方法如下:

(1) 使用鼠标右键单击数组索引显示部分,选择添加维度(Add Dimension)。

(2) 拖曳需要的数据对象。

(3) 用鼠标可以拖曳出一个多行多列的数组,如图 3-29(b)所示。

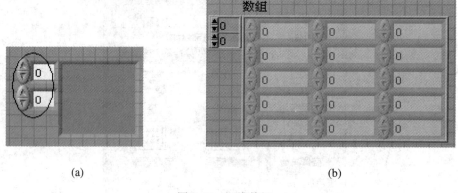

(a)   (b)

图 3-29   二维数组

3.数组常量的创建

从函数选板的数组子选板中选择数组常量(Array Constant)拖曳至框图中创建一个空的黑色数组外框(如图 3-30(a)所示),然后再拖曳需要的数据常量进入数组外框。该数组外框的大小和颜色会随着对象的类型自动变化。图 3-30(b)中的数据类型为数值型。

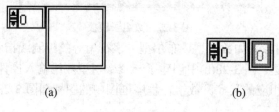

(a)   (b)

图 3-30   数组常量

3.5.3 数组函数

数组的操作函数可以从函数模板中的数组子选板中直接调用。数组函数子选板如图 3-31 所示。LabVIEW 的数组选板中有丰富的数组函数可以实现对数组的操作。下面结合实例来说明各个函数的使用。

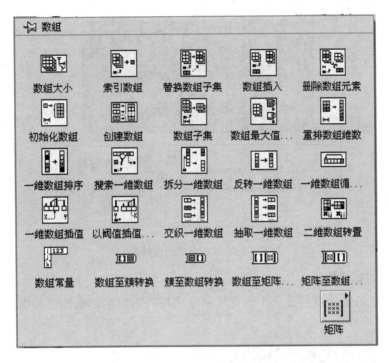

图 3-31　数组函数子选板

1．数组大小函数

数组大小函数可以返回输入数组中元素的个数。图 3-32(a)中一维数组显示的是第 6 个元素，后面的元素是暗色，说明这个数组中只有 6 个元素，前面板的运行结果也为 6；图 3-32(b)中数组大小函数相连的是二维数组常量，应该返回一个一维数组。

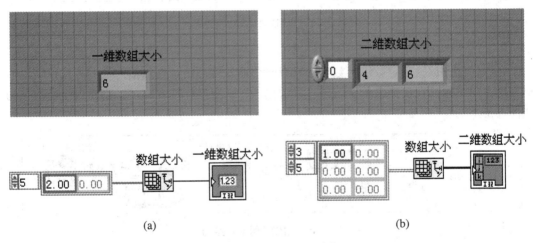

(a)　　　　　　　　　　　　　　　　(b)

图 3-32　数组大小函数结构

2．索引数组函数

索引数组函数可以用来访问数组中的某个(或某些)特定元素。该函数图标会自动调整大小，以适应输入数组的维数。索引数组函数结构如图 3-33 所示。

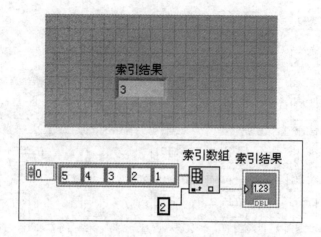

图 3-33 索引数组函数结构

3. 初始化数组函数

初始化数组函数可以创建一个所有元素全部相同的数组。初始化数组函数结构如图 3-34 所示。

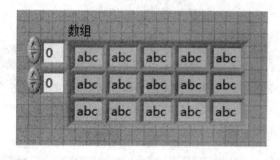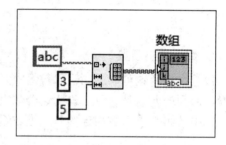

图 3-34 初始化数组函数结构

4. 创建数组函数

在程序框图放置创建数组函数时，只有一个输入端可用，增加输入端的方法：使用鼠标右键单击图标，在快捷菜单中选择"添加输入"或用鼠标拖曳即可。创建数组函数结构如图 3-35 所示。

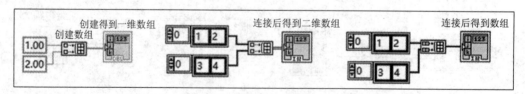

图 3-35 创建数组函数结构

5. 删除数组元素函数

删除数组元素函数用于删除数组中的某个(或某些)元素，删除数组中从某一索引号开始某设定长度的部分，返回删除该部分后的数组以及被删除的部分数组。删除数组元素函数结构如图 3-36 所示。

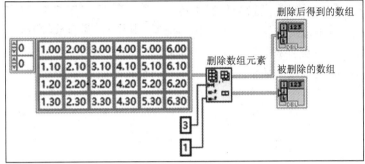

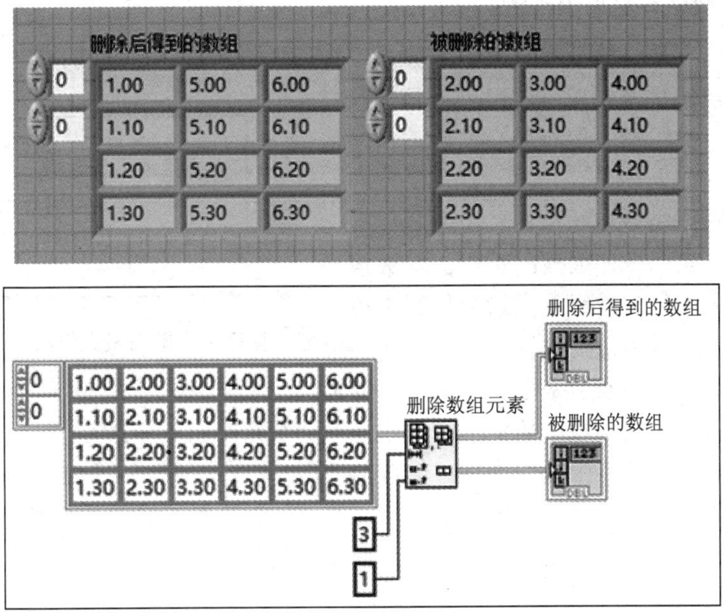

图 3-36　删除数组函数结构

6. 数组插入函数

数组插入函数用于向数组输入新的元素或子数组，插入位置由行索引或者列索引给出。数组插入函数前面板和程序框图分别如图 3-37 和图 3-38 所示。

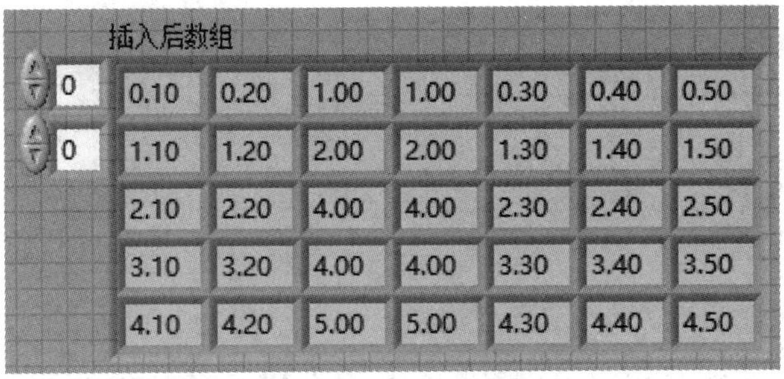

图 3-37　数组插入函数前面板

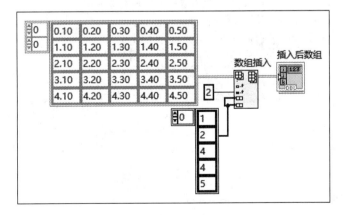

图 3-38　数组插入函数程序框图

7. 数组最大值与最小值函数

数组最大值与最小值函数用来返回数组中的最大值和最小值及其索引。连线板可显示该多态函数的默认数据类型。数组可以是任意类型的 n 维数组。数组最大值与最小值函数程序结构如图 3-39 所示。

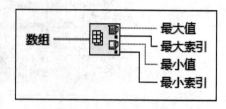

图 3-39   数组最大值与最小值函数程序结构

最大值的数据类型和结构与数组中的元素一致。最大索引是第一个最大值的索引。如数组是多维的，则最大索引为数组，元素为数组中第一个最大值的索引。最小值的数据类型和结构与数组中的元素一致。最小索引是第一个最小值的索引。如数组是多维的，则最小索引为数组，元素为数组中第一个最小值的索引。该函数依据数组比较的规则比较各个数据类型。如数值数组只有一个维度，则最大索引和最小索引输出为整数标量；如数值数组的维数大于 1，则上述输出为包含最大值和最小值索引的一维数组；如输入数组为空，则最大索引和最小索引均为 –1。

8. 替换数组子集函数

替换数组子集函数用来从索引中指定的位置开始替换数组的某个元素或子数组。拖动替换数组子集函数的图标下边框可以增加新的替换索引组，从而利用一个替换数组子集函数完成多次替换操作，替换顺序按图标索引组从上到下执行。替换数组子集函数前面板如图 3-40 所示，程序框图如图 3-41 所示。

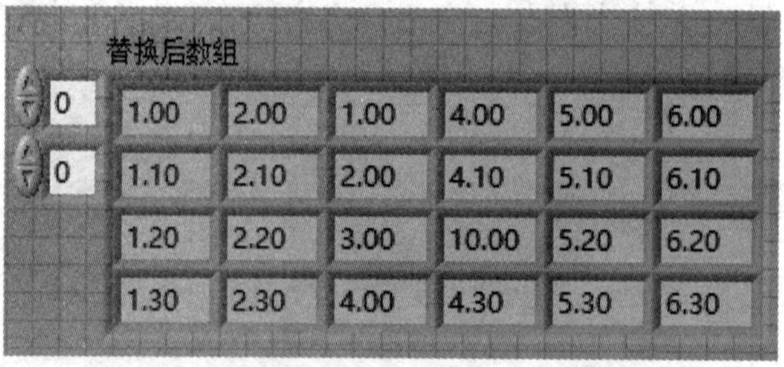

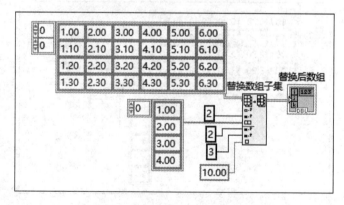

图 3-40   替换数组子集函数前面板

图 3-41   替换数组子集函数程序框图

9. 一维数组排序函数

一维数组排序函数用来返回数组元素按照升序排列的数组。如数组为簇数组，则该函数可按照第一个元素的比较结果对元素进行排序；如第一个元素匹配，则函数可比较第二个和其后的元素。连线板可显示该多态函数的默认数据类型。一维数组排序函数程序结构如图 3-42 所示。

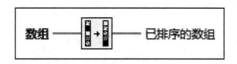

图 3-42 一维数组排序函数程序结构

另外，数组可以是任意类型的一维数组，而且已排序的数组是输出数组。

3.6 簇

3.6.1 簇的概念

簇(Cluster)是由不同类型的数据元素组成的一种数据类型。簇可以把不同数据类型的元素组合在一起，类似于 C 语言中的结构体。簇是一种类似数组的数据结构，也是复合数据类型，用于分组数据。簇与数组有两个重要区别：一是簇可以包含不同的数据类型，而数组只能包含相同的数据类型；二是簇具有固定的大小，在运行时不能添加元素，而数组的长度在运行时可以自由改变。

虽然数组与簇都是元素的集合，但两者还是有比较大的区别，如表 3-5 所示。

表 3-5 簇与数组的区别

区　别	簇	数　组
元素数据类型	可以不同	必须相同
元素个数	固定	随时变化
访问形式	解包后访问	索引任一元素

簇有很多优点，可以把程序框图中不同位置、不同数据类型的多个数据捆绑在一起，减少了连线的混乱；子程序有多个不同数据类型的参数输入/输出时，把这些数据捆绑成一个簇可以减少连线板上的接线端，从而简化程序。控件和函数必须要簇这种类型的参数。

3.6.2 创建簇

(1) 在控件选板的"数组矩阵与簇"子模板中，找到"簇"，拖至前面板放置，创建外框，如图 3-43(a)所示。

(2) 将控件选板的控制或指示拖入外框中，创建一个簇，如图 3-43(b)所示。这个簇由一个数值型控件、一个布尔型控件和一个字符串控件组成，其框图对应的图标如图 3-43(c)所示。全部由数值型对象组成的簇的图标为棕色，不同类型组成的簇的图标为粉红色。

注意：控制和指示不能同时存在一个簇中。

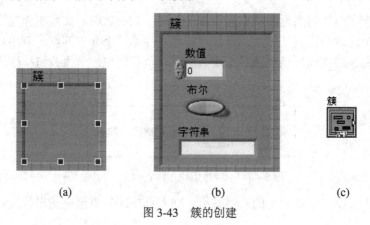

(a)　　　　　　　　(b)　　　　　　　　(c)

图 3-43　簇的创建

3.6.3　簇函数

LabVIEW 提供了丰富的簇函数，如图 3-44 所示。

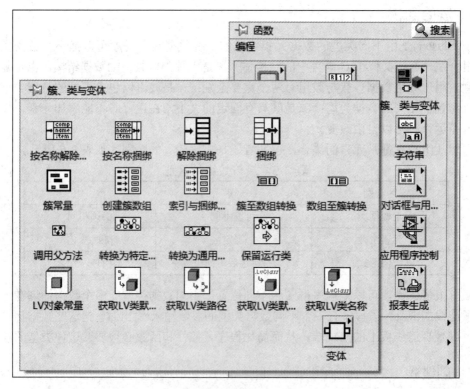

图 3-44　簇函数操作子模板

1. 捆绑和解除捆绑函数

把相关的元素组合成一个簇的操作叫作打包，可用簇子选板中的捆绑(Bundle)函数实现；从一个簇中提取出需要的元素的操作叫作解包，可用簇子选板中的解除捆绑(Unbundle)函数实现。Bundle 节点的图标如图 3-45 所示，当不接入输入参数 cluster 时，该节点将元素 0~n–1 打包生成含有 n 个元素的新簇，接入输入端口的顺序决定了生成新簇中元素的顺序；当接入参数 cluster 后，element 端口的数目自动调整为与 cluster 所含元素数相同，节点的功能是替换 cluster 中的指定元素。**注意**：接入元素的顺序必须与 cluster 中所含元素的顺序按照类型匹配。刚在框图上放置的 Bundle 节点只有两个输入端口，用鼠标拖动下边沿，或者在节点的快捷菜单中选择 Add Input 可以增加端口，如图 3-45 所示。

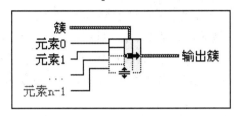

图 3-45 簇绑定函数结构

2. 创建簇数组函数

创建簇数组函数用来使每个元素输入捆绑为簇，然后使所有元素簇组成以簇为元素的数组。连线板将显示该多态函数的默认数据类型。创建簇数组函数结构如图 3-46 所示。

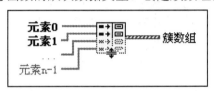

图 3-46 创建簇数组函数结构

元素 0~n–1 输入端的类型必须与最顶端的元素接线端的值一致。簇数组是作为结果的数组。每个簇都有一个元素。数组中不能再创建数组的数组。但是，使用该函数可创建以簇为元素的数组，簇可包含数组。创建簇数组函数程序框图如图 3-47 所示，通过使用该函数可提高执行的效率。

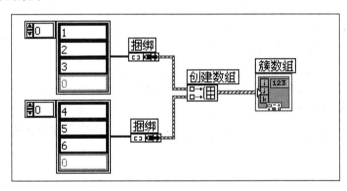

图 3-47 创建簇数组函数程序框图

3. 索引与捆绑簇数组函数

索引与捆绑簇数组函数用来对多个数组建立索引，并创建簇数组，第 i 个元素包含每个输入数组的第 i 个元素。连线板可显示该多态函数的默认数据类型。索引与捆绑簇数组函数结构如图 3-48 所示。

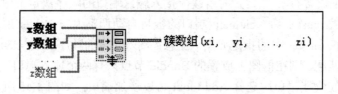

图 3-48　索引与捆绑簇数组函数结构

　　数组 x..z 可以是任意类型的一维数组。数组输入无需为同一类型。簇数组是由簇组成的数组，包含每个输入数组的元素。输出数组中的元素数等于最短输入数组的元素数。图 3-49 所示的程序框图为两种通过索引多个数组得到簇数组的方式，通过该函数可提高时间和内存的使用效率。

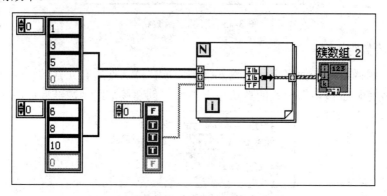

图 3-49　索引与捆绑簇数组函数程序框图

4. 簇至数组转换函数

　　簇至数组转换函数用来使相同数据类型元素组成的簇转换为数据类型相同的一维数组。簇至数组转换函数结构如图 3-50 所示。

　　簇的组成元素不能是数组，数组中的元素与簇中的元素数据类型相同，并且数组中的元素与簇中的元素顺序一致。簇至数组转换函数是多态的，输入数组可以是各种类型。簇大小是簇至数组转换函数的一个属性(而不是运行时

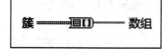

图 3-50　簇至数组转换函数结构

参数)，因为簇必须在编译时具有确定的大小。"簇至数组转换"生成的默认簇大小为 9。如"簇大小"的值小于数组元素数量，则函数会忽略超出"簇大小"的数组元素；如"簇大小"的值大于数组元素数量，则多余的簇元素将显示相应数据类型的默认值。

3.7　波　　形

3.7.1　波形的概念

　　波形类似于簇，但是波形的元素的类型和数量是固定的。波形可以用图形显示控件来显示。波形的全部元素包括数据采集的起始时间 t0、时间间隔 dt、波形数据 Y 和属性。波形数据 Y 可以是一个数组，也可能是一个数值。

3.7.2　波形的创建

在程序面板单击鼠标右键，选择"波形"，如图 3-51 所示。放置波形前面板如图 3-52 所示。

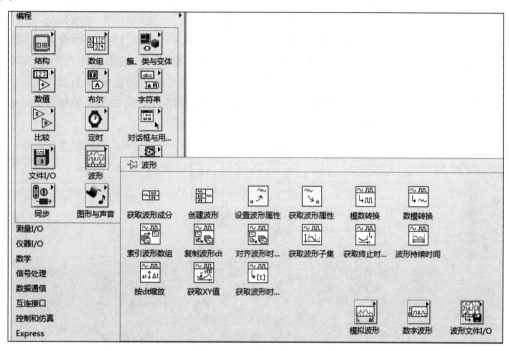

图 3-51　波形选板

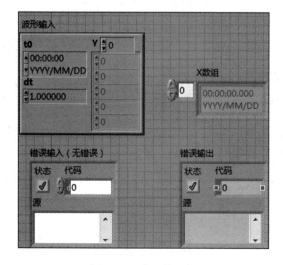

图 3-52　波形前面板

3.7.3　波形的属性

LabVIEW 提供基本的波形操作函数，位于"波形"函数子选板中；LabVIEW 还提供大量高级的波形分析函数，位于"信号处理"函数子选板中，包括波形生成、波形调理、波形测量 3 个子选板。

创建模拟波形或修改已有波形。如未连线波形输入，则该创建波形函数可依据连线的波形成分创建新波形。如已连线波形输入，则该创建波形函数可依据连线的波形成分修改波形。波形是要编辑的模拟波形。如未连接已有波形，则创建波形函数可根据所连接的组件创建新波形。t0 指定波形的起始时间，Y 指定波形的数据值；属性设置所有波形属性的名称和值，也可通过设置波形属性函数设置单个属性的名称和值。波形是作为结果的波形，如未连线已有波形，则值为新建的波形；如连线已有波形，则值为已编辑的波形。

例如：演示通过"加""减""乘""除"函数对波形数据类型执行常见数学运算。波形传输前面板如图 3-53 所示，波形传输程序框图如图 3-54 所示。

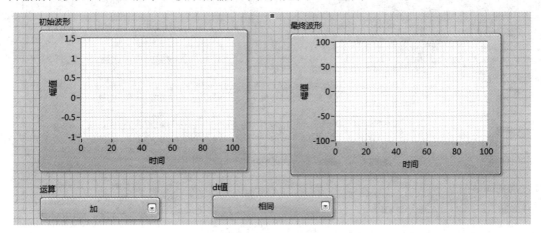

图 3-53　波形传输前面板

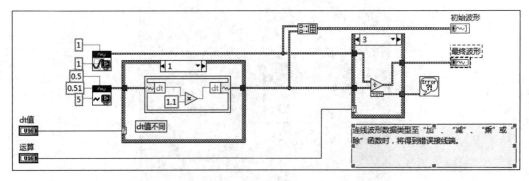

图 3-54　波形传输程序框图

综 合 实 训

初始化一个 3×5 的二维数组，其元素的初始值全部为 1；计算数组的大小；有一维数组常量(5，4，3，2，1)替代二维数组的第 0 行；以第 0 行第一列元素为起点，提取 2 行 3 列的一个二维矩阵。

(1) 前面板创建。图 3-55 所示为前面板。

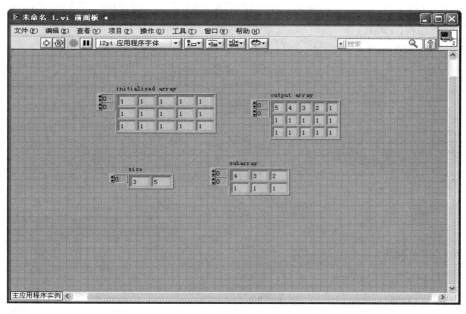

图 3-55　前面板

(2) 程序框图创建。图 3-56 所示为程序框图。

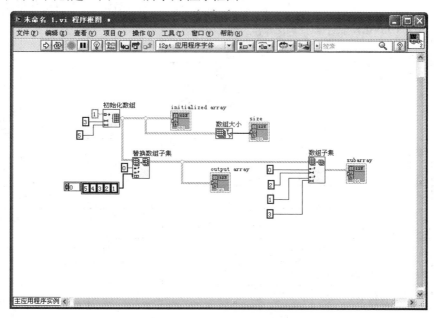

图 3-56　程序框图

(3) 运行调试。

小　　结

本章主要介绍了 LabVIEW 中常用的数据类型以及相应的设置规则，同时介绍了各种数据类型相关的函数以及程序调试方法。通过本章的学习，可使学生能够灵活地运用各种数据类型和相应的函数。

评价与考核如表 3-6 所示。

表 3-6　评价与考核

【评估表】				
系部：		班级：		日期：
学习领域：虚拟仪器与 LabVIEW 编程技术		学习情境：数据类型的使用		
学员名单：		授课教师：		总得分：
工作任务 1：项目实施前的准备				
序号	测 评 项 目	学员自评	学员互评	教师打分
1	计算机的基本操作(打开、保存、关闭)			
2	LabVIEW 程序知识(程序的组成、基本功能)			
3	计算机功能检测(正常工作、故障判断)			
工作任务 2：启动计算机				
序号	测 评 项 目	学员自评	学员互评	教师打分
1	调入 LabVIEW 软件(软件调用操作步骤)			
2	启动程序界面 (启动界面基本操作步骤)			
3	程序界面的基本操作 (程序界面的操作步骤)			
工作任务 3：编程				
序号	测 评 项 目	学员自评	学员互评	教师打分
1	前面板图标的调用及放置布局合理性			
2	程序框图图标的调用及放置、连线合理性			
3				
工作任务 4：运行与分析				
序号	测 评 项 目	学员自评	学员互评	教师打分
1	前面板参数输入正确、错误的判断			
2	判断运行结果			
3	对程序的修改及运行、分析原因、解决方法			
工作任务 5：提交数据和报告				
序号	测 评 项 目	学员自评	学员互评	教师打分
1	填写实训报告			
2	打印编程序(前面板、程序框图)、存档			

习　题

1. 数值型数据根据数据精度划分有哪些具体的类型？

2. 用布尔型数据设计由一个按钮操控的小灯。

3. 讨论数组和簇的相同点和不同点。

4. 设计一个能够输入任意字符串并能计算字符串长度的 VI。

5. 建立一个簇，包含个人姓名、年龄、民族、专业等信息，并使用 Unbundle 节点将各个元素分别取出。

6. 编写计算以下等式的程序：y1 = x3 − x2 + 5，y2 = m × x + b，x 的范围是 0～10，y1 和 y2 用数组显示控件并显示在前面板上。

第 4 章　结　构　控　制

学习目标

1. 任务说明

在自动测试系统中，其中的一个功能是给 PXI 可编程电阻板卡从 0，10，20，…到 2000 Ω 依次设置电阻值(温度值)，因此需要用到 LabVIEW 程序结构中的循环结构；另一个功能为判断读回的电阻值(温度值)与设定值的偏差是否超出允许范围，因此需要用到 LabVIEW 程序结构中的条件结构。

本章的主要目标是设计与制作一个能够产生方波、三角波、正弦波、锯齿波的简易函数信号发生器。

学习目标如下：

(1) 了解常用的函数信号发生器，掌握函数信号发生器的原理及使用方法。

(2) 掌握各种结构的创建与编辑方法。

(3) 学习使用 LabVIEW 的编程方式。

2. 知识和能力要求

1) 知识要求

(1) 掌握各种结构组成。

(2) 掌握各种结构的编辑方法。

(3) 掌握程序调试方法。

2) 能力要求

(1) 能够灵活使用各种结构进行编程。

(2) 能够熟练掌握程序调试技巧。

LabVIEW 是基于数据流的编程方式，其编程核心是采用结构化数据流编程。这是区别于其他图形化编程开发环境的独特之处。

"结构"(Structure)是程序中数据流向的控制节点，LabVIEW 的结构把基于文本的编程语言中循环和选择等程序结构用图形化的方式表现出来。它们在程序框图中的外形一般是一个大小可以缩放的边框，当它与其他节点的连线有数据传递过来时，边框内的一段代码或者反复执行，或者有条件执行，或者按照一定顺序执行。

和其他节点一样，各种结构都有数据终端可以和程序框图中的其他节点相连，用以进行数据交换。结构的应有的输入数据都有效时，其内部的子框图就会自动执行，并把结果送到输入端。

LabVIEW 中所有的结构都包含在"结构"子选板中，如图 4-1 所示。

图 4-1　"结构"子选板

4.1　循 环 结 构

在 LabVIEW 中，"循环结构"(Loop Structure)是最为常用的一类结构，用来控制程序操作的重复执行。循环结构分为 For 循环和 While 循环两种，二者的区别主要是：For 循环需提前设定循环次数，当循环体执行完设定次数后自动退出循环；While 循环尽管也是一种条件循环，与 For 循环执行固定次数不同，其循环会不断地执行，直到某个条件成立为止。

4.1.1　For 循环

1. For 循环建立

"For 循环"(For Loop)是 LabVIEW 最基本结构之一。在程序框图中创建 For 循环方法：在函数选板中的"编程"(Program)下的"结构"(Structures)子选板中，用鼠标点击"For 循环"图标，然后在程序框图窗口中需要创建的空白区域再单击鼠标，同时按住鼠标向右下角拖曳到合适大小即可，如图 4-2 所示。For 循环创建完成后，将定位工具移至循环体边框上，其边框上会出现图 4-2 所示的 8 个深蓝色方形手柄，当定位工具移至手柄上时，手柄的形状会变为双向箭头，用鼠标拖动箭头会带动手柄对边框进行各种调整。

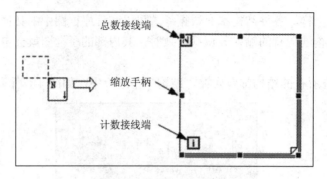

图 4-2　For 循环的建立

For 循环由总数接线端(Loop Count)、计数接线端(Loop Iteration)和循环体(Loop Body)组成。总数接线端 N 用于设定程序执行的总的次数。它是一个输入端口，除非应用了自动索引功能，否则必须输入一个 32 位整型数。当连接一个浮点数时，LabVIEW 会自动将其按照"四舍五入"的原则强制转换为一个整数；当遇到 0.5 这种情况，则会使用"凑偶法"将其转换为接近的偶数，例如 2.5 被转换为 2，而 3.5 则被转换为 4。计数接线端 i 是输出端子，它输出的是当前已经完成的循环的次数，该值是从 0 开始计数，即在第一次循环中，它的计数值为 0，循环体内的程序每执行一次，i 的值就会自动加 1，程序执行完毕其值应为 N-1，此时程序会自动跳出循环。

图 4-3 所示为使用 For 循环索引随机数(Random Number)的程序，程序按照设定的总数执行了 50 次，即由波形图表显示出 50 个随机数图形，程序执行完毕，计数接线端输出显示为 49。

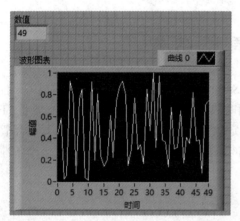
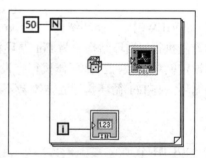

图 4-3　使用 For 循环索引随机数的程序

2．For 循环的数据通道及自动索引

For 循环的数据通道(Data Communication)是循环体内的数据与循环体外的数据(输入/输出)进行交换的通道，所有结构要通过数据通道才能和外部节点进行数据交换。数据通道位于边框上，其显示形式为小方格，小方格的颜色和数据类型的系统颜色一致，若为浮点数，则数据通道的颜色为橙色。

通道有输入数据通道和输出数据通道，以图 4-4 为例说明数据通道的创建方法：选择

"连线工具",将程序框图界面中数组常量连接至 For 循环左侧循环体边框后,系统会自动生成数据通道。该例中,连接到 For 循环的数组默认为能自动索引,即循环体边框外面的数组元素依次进入到循环边框内;若不需要索引,可以右击循环体边框上的数据通道,选择"禁用索引"(Disable Indexing)命令,则连接到循环体的数组默认为不能自动索引,如果需要自动索引;可以在数据通道上单击右键,选择"开启自动索引"(Enable Indexing)。"开启自动索引"时,数据通道的外观为空的矩阵符号[ ];"禁用索引"时,数据通道的外观为实心的方框。

图 4-4 所示为索引二维数组(2D Array)程序,程序中使用了两个嵌套的 For 循环;外层的 For 循环每执行一次则从输入的二维数组中索引出一行数组,里层的 For 循环则是每执行一次再从刚生成的一维数组(1D Array)中索引出一个数据元素。图中嵌套的两个 For 循环均未连接计数接线端,此时 For 循环执行的次数等于数组的长度,即循环一直执行至所有元素索引完毕为止。

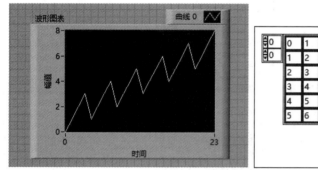
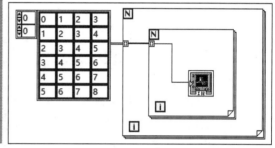

图 4-4　使用 For 循环索引二维数组程序

图 4-5 所示为使用 For 循环生成二维数组程序,程序中也使用了两个嵌套的 For 循环:里层的 For 循环通过 4 次执行得到的循环数累积输出一个一维数组 0~3;外层的 For 循环依次为这个数组中的各个元素加上当前循环计数,再将 6 次循环产生的 6 个一维数组累积成二维数组输出,输出结果同图 4-4 中的二维数组相同。

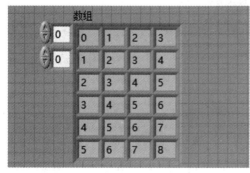
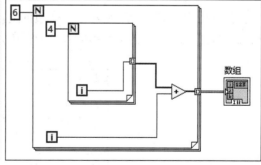

图 4-5　使用 For 循环生成二维数组程序

3. 移位寄存器与反馈节点

为了把上一次循环中产生的数据传递到下一次循环中,LabVIEW 引入移位寄存器和反馈节点。

1) 移位寄存器

利用移位寄存器(Shift Register)可以把上一次循环中产生的数据传递到下一次循环。移位寄存器是成对出现的，分别出现在循环体边框的两个垂直边上。

移位寄存器创建方法：在循环边框上单击右键，从弹出快捷菜单中选择"添加移位寄存器"(Add Register)可创建一对移位寄存器，如图 4-6 所示。也可以创建多个左侧移位寄存器，但是只能有一个右端口。添加左侧端口的方法有两个：一是在移位寄存器上单击右键，从快捷菜单选择"添加元素"(Add Element)来增加数据终端；二是直接对寄存器上的左侧端口进行拖曳。如需要删除移位寄存器的端口，则可以在端口上单击右键，选择"删除元素"(Remove Element)则可删除该端口；另一种方法是用定位工具拖曳整个左端口的队列最上沿(向下拖)或最下沿(向上拖)，在拖的过程中，如果遇到连接数据线的端口，则只能拖到此处。

图 4-6　添加移位寄存器

新创建移位寄存器出现在两个垂直边框上，是颜色为黑色的相对的端口，当将其连接到相应的数据上时，才会显示相应数据的颜色，如图 4-7 所示。

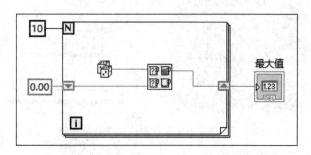

图 4-7　用移位寄存器求随机数的最大值

移位寄存器可以存储的数据类型有数值型、布尔型、字符串、数组等，但是连接到同一个移位寄存器端子的数据必须是同一类型的。为了在第一次执行过程中对移位寄存器正确赋值，需要对移位寄存器进行初始化。LabVIEW 也支持移位寄存器"非初始化"，此时当首次执行时，程序自动给移位寄存器赋初始值为 0；对于布尔型的数据，则赋初始值为 False，下一次执行时会调取前一次的值，只要 VI 不退出，则移位寄存器始终保持前一次的值。

下面以图 4-7 为例来说明移位寄存器的数据传递，该程序使用移位寄存器对若干个随机数求最大值。图 4-7 中，"最大值最小值"(Max & Min)函数在函数选板的"编程"下的"比较"子选板中，其输入端口一端连接随机数，另一端连接移位寄存器的左侧接线端；其输出也有两个端口，分别是最大值和最小值端口，本例中仅连接最大值端口。该程序在每次循环中都是把当前产生的随机数和移位寄存器左侧接线端中的数据进行比较，因为左侧接线端存储的总是上一次循环产生的最大值，所以程序循环完毕将得到所有随机数的最大值。循环总数数值越大，输出的最大值越接近于 1。

2) 反馈节点

前、后两次数据的交换，除使用移位寄存器实现外，还可以使用反馈节点来实现。当一次循环完成后，反馈节点会保存相应数据，并传递到下一次循环；即移位寄存器和反馈节点的功能是相似的，当 For 循环的边框太大时，使用移位寄存器会造成过长的连线，而反馈节点的优点在于可以节省掉过长的连线，使程序看上去更加简洁。

反馈节点位于函数选板中的"编程"下的"结构"子选板中，如图 4-8 所示。反馈节点在没有与任何数据连接之前是黑色的，与数据连接之后则变为与数据类型相应的颜色。

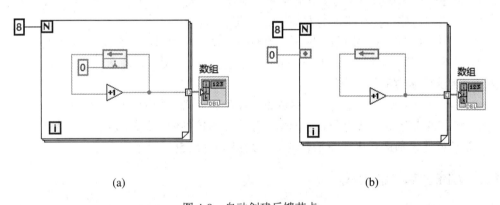

(a)   (b)

图 4-8　自动创建反馈节点

反馈节点的另一种创建方法为：当我们把一个节点的输出端连接到它的输入端时，在连线中会自动出现一个反馈节点，同时自动创建了一个初始化接线端，如图 4-8(a)所示，如果需要将初始化接线端移到循环的边框上，在反馈节点或初始化接线端图标上单击右键，从弹出的快捷菜单中选择"将初始化器移出一个循环"(Remove Initializer From a Loop)命令，初始化端即可移到边框上，如图 4-8(b)所示。反馈节点的箭头指示数据流的方向，可以在反馈节点上单击右键，弹出的快捷菜单中选择"修改方向"(Change Direction)命令来改变数据流的方向。反馈节点有两个接线端，输入接线端在每次循环结束时将当前值存入，输出接线端在每次循环开始时把上一次循环存入的值输出。此时，图 4-8 程序的运行结果应该为 1～8 的一维数组。

移位寄存器和反馈节点之间的转换很容易，在移位寄存器的左或右端口上单击右键，弹出的快捷菜单中选择"替换为反馈节点"(Replace with Feedback Node)命令或选择"替换为移位寄存器"(Replace with Shift Register)即可进行相互转化。

4. For 循环应用实例

例 4-1　使用 For 循环创建程序，完成从 1～100 这 100 个数相加求和，如图 4-9 所示。

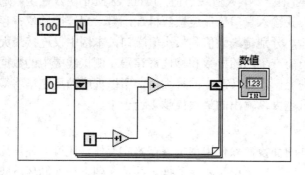

图 4-9　1～100 求和程序框图

解　创建步骤如下：

(1) 前面板窗口创建一个数值显示控件，在该控件上单击右键弹出快捷菜单，从"表示法"(Representation)中选择"I32"。

(2) 创建一个 For 循环，为其设定的循环总数为 100。

(3) 添加一对移位寄存器，为左侧的端子赋初始值为 0。

(4) 添加"加法"(Add)函数，将该函数的一个输入端与移位寄存器的左侧输出端相连。

(5) 将循环次数 i 接入"加 1"(Increment)函数的输入端，并将"加 1"函数的输出端连接至"加法"函数的另一个输入端。

(6) 将"加法"函数的输出端与移位寄存器的右侧端子的输入端相连。

(7) 将移位寄存器右侧端子的输出端与数值显示控件的接线端连接。

运行该程序，前面板中显示控件的显示结果应为 5050。

4.1.2　While 循环的组成

"While 循环"(While Loop)是一种条件循环，循环会控制程序反复执行一段代码，直到某个条件成立发生为止。

1. While 循环建立

建立 While 循环的方法与 For 循环是一样的，在函数选板的"编程"下的"结构"子选板中，单击鼠标选中"While 循环"图标，然后在程序框图窗口中需要创建的空白区域再单击鼠标，同时按住鼠标向右下角拖曳到合适的大小即可，如图 4-10 所示。由图可见，循环框不是闭合的，并有代表重复执行的箭头。While 循环有

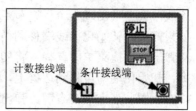

图 4-10　While 循环结构图

两个固定的接线端：计数接线端是一个输出接线端，它输出循环当前执行的次数，循环数是从 0 开始计数的；条件接线端是一个布尔量输入接线端，程序在每次循环结束时检查条件接线端，因此，布尔量的值将控制循环是否继续执行。"条件接线端"的条件有两种，这两种条件可以在端口上单击右键所弹出的快捷菜单中进行转换，如图 4-11 所示。条件接线端默认的状态为"真(T)时停止"(Stop if True)，即条件接线端的布尔量为"真"时退出循环，如图 4-11(a)所示；如果将条件接线端的状态改为"真(T)时继续"(Continue if True)，则条件接线端的布尔量为"假"时退出循环，如图 4-11(b)所示。如果条件接线端连接的是一个按钮，则按钮按下时循环停止。

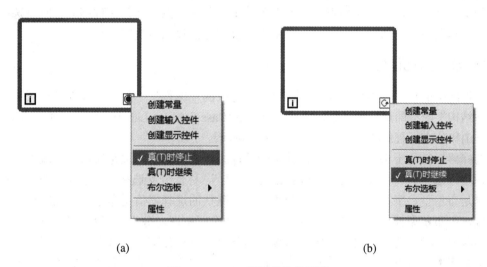

(a)   (b)

图 4-11　While 循环条件接线端

While 循环的移位寄存器和自动索引功能与 For 循环相似，这里不再赘述。

2. While 循环应用实例

例 4-2　使用 While 循环创建程序，实现 0～100 这 100 个数相加求和。

解　程序框图如图 4-12 所示。

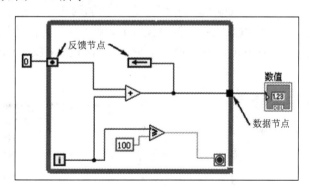

图 4-12　1～100 求和程序框图

创建步骤参考例 4-1，这里稍有不同：

(1) 创建一个 While 循环，其循环次数用一个"大于等于？"函数来确定，i≥100 时退出循环。

(2) 使用反馈节点代替移位寄存器。

运行该程序，前面板中显示控件的显示结果应为 5050。

4.2　条 件 结 构

"条件结构"(Case Structure)类似于文本编程语言中的 switch 语句、if else 语句或者 case 语句。条件结构包含两个或两个以上子程序框图，每个子程序框图中的一段程序代码对应一个条件分支，条件结构每次只能看到一个子程序框图，即每次程序运行时只选择其中的一个框图执行，执行其中的哪一个子程序框图是由输入值决定的。

4.2.1　条件结构创建

条件结构的创建同循环结构相同，在函数选板的"编程"下的"结构"子选板中选择"条件结构"图标即可。条件结构由选择器标签(Case Selector Label)、分支选择器(Selector Terminal)和分支子程序框图组成，如图 4-13(a)所示。

选择器标签位于条件结构顶部，其中间是选择器值名称，两边是递增和递减箭头。条件结构左边框上有一个输入端，端口中心显示"？"，称作分支选择器。选择器值的数据类型可以是布尔型、字符串型、整型数和枚举型。默认的选择器值是布尔型，此时选择器需要连接一个布尔型控件，LabVIEW 会自动生成两个子框图，分别是"真"和"假"，如图 4-13(a)所示。单击递增、递减箭头可以滚动浏览已有条件分支，也可以单击选择器值旁边的向下箭头▼，从下拉菜单中选择一个条件分支，标记"√"的为选中的标签。当选择器连接整型数控件时，选择器值应为整型数 0，1，2，…；当选择器连接字符串或枚举型控件时，其选择器值应为由双引号括起来的字符串。

子框图的数量根据实际需要确定，下面举例说明如何将选择器与选择器标签相匹配。当枚举型控件连接到选择器接线端时，选择器标签会自动转换为两个字符串。当为该枚举型控件设定几个枚举型值后，在条件结构边框上单击右键，弹出的快捷菜单上选择"为每个值添加分支"(Add Case For Every Value)命令，就会增加到几个子程序框图，如图 4-13(b)所示。当选择器接线端连接整型数或者字符串控件时，则需要在弹出的快捷菜单中选择"在后面添加分支"(Add Case After)或"在前面添加分支"(Add Case Before)命令来增加子程序框图。

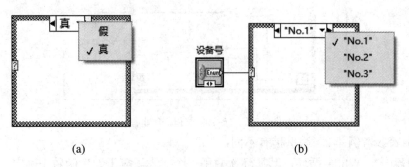

(a)　　　　　　　　　　　　　　　(b)

图 4-13　条件结构选择器标签

需要注意的是，选择器接线端的数据类型必须与选择器标签中的数据类型一致，如果不一致，LabVIEW 则会自动报错，同时选择器值中的字体颜色变为红色，提示必须修改，否则程序将无法执行。不同数据类型的条件结构如图 4-14 所示，其中布尔型条件结构如图 4-14(a)所示，整型数条件结构如图 4-14(b)所示，字符串型条件结构如图 4-14(c)所示，枚举型条件结构如图 4-14(d)所示。

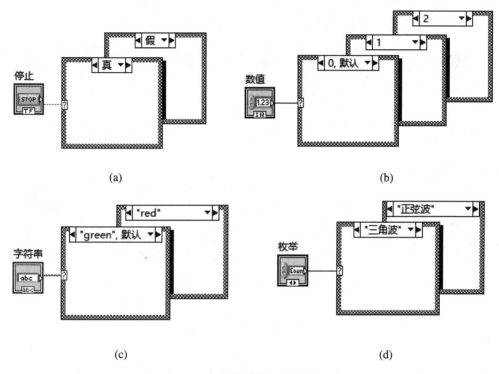

(a)   (b)

(c)   (d)

图 4-14 不同数据类型的条件结构

4.2.2 条件结构的数据输入和输出通道

当向"条件结构"内引入连线或从"条件结构"向外引出连线时，会在边框上生成隧道；当向"条件结构"隧道输入数据时，所有分支都可以使用该数据，所有的分支各个子程序框图连接或不连接这个数据的隧道都可以。但是从"条件结构"边框向外输出数据时，各个子程序框图都必须为这个隧道连接数据，否则会出现代码错误，程序无法运行。此时，输出隧道的图标是空心，表示部分分支中没有接入输入值。当每个分支的输出隧道都连接好数据时，输出隧道才会变为实心，程序才能正常运行。

4.2.3 条件结构应用实例

例 4-3 求一个数的平方根，若该数大于等于 0，则计算该数的平方根并输出计算结果；若该数小于 0，则输出错误的数值为 −9999。

解 创建步骤如下：

(1) 前面板窗口创建一个数值输入控件和数值显示控件。

(2) 程序框图中创建一个条件结构，其子框图为"真"和"假"两个。

(3) 将数值型输入控件的接线端与条件结构连接，生成隧道。

(4) 使用"大于等于？"函数，将数值与 0 进行比较，该函数的输出端接入分支选择器。

(5) 在"真"子框图中添加"平方根"函数，其输入端连接左侧隧道，输出端连接到"条件结构"右侧边框产生隧道。

(6) 在"假"子框图中添加"数值常量"，并为其赋值 –9999。

运行该程序，前面板中显示控件的显示结果如图 4-15 所示。

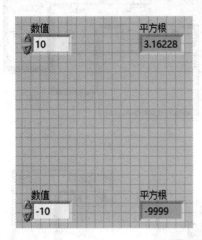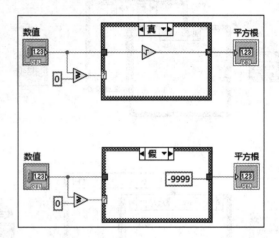

图 4-15　例 4-2 前面板及程序框图

4.3　事件结构

所谓事件，是指发生了某种事情的通知。事件可以来自于用户界面、外部 I/O 或者其他方式。LabVIEW 支持两种来源的事件：

(1) 用户界面事件。例如，点击鼠标产生的鼠标事件、按下键盘产生的键盘事件等。

(2) 编程生成事件。这种事件用来承载用户定义的数据与程序其他部分通信。本书主要介绍用户界面事件。

事件结构(Event Structure)的图标外形与条件结构极其相似。事件结构可以由多个子程序框图组成，但与条件结构不同的是，事件结构虽然每次只能运行一个框图，但可以同时响应多个事件。

图 4-16 为事件结构，图中各部分含义为：

(1) 事件超时接线端(Timeout Terminal)：用来设定超时时间，其接入数据是以毫秒为单位的整数值。

(2) 选择器标签(Selector Label)：标识当前显示的子框图所处理事件的事件源。

(3) 事件数据节点(Data Node)：为子框图提供所处理事件的相关数据，事件数据节点由若干个事件数据端子构成。

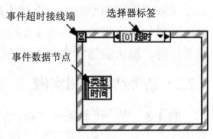

图 4-16　事件结构

编辑事件结构的方法：在"事件结构"边框上单击右键弹出快捷菜单，如图 4-17 所示，选择"添加事件分支"(Add Event Case)选项，可以弹出"编辑事件"对话框，如图 4-18 所示。"编辑事件"对话框内包括事件说明符、事件源和事件三部分。

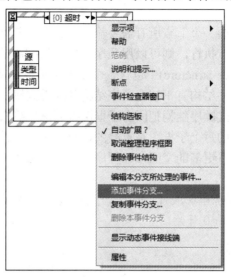

图 4-17 事件结构添加分支

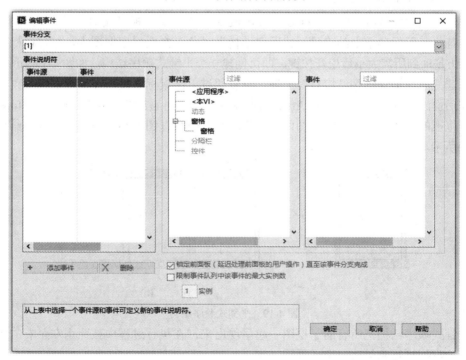

图 4-18 "编辑事件"对话框

事件源应有应用程序、本 VI、窗格和控件(数值、字符串和确定按钮)这些控件是"编辑事件"对话框打开前此 VI 已创建的控件，未创建控件不在此对话框中出现。

"编辑事件"对话框右侧的事件下拉列表列出了所有支持的事件种类与名称，展开各类事件后用鼠标单击选择所需事件。

4.4　顺 序 结 构

在数据流程序中，只要一个节点所有需要输入的数据全部到达就开始执行。如果有时需要某个节点先于其他节点执行，则可以用顺序结构作为控制节点的执行次序。

"顺序结构"(Sequence Structure)中包含一个或多个子框图或帧，程序运行时按顺序依次执行每一个子框图。顺序结构有平铺式顺序结构和层叠式顺序结构两种形式，它们仅是在外观上有所区别：平铺式顺序结构把所有子框图按照从左到右的顺序展开在 VI 的程序框图中；层叠式顺序结构的每个子框图是重叠的，只有一个子框图可直接在程序框图中显示出来，其优点是可以节省更多的空间，让程序代码看上去更加整齐。两者执行的功能完全相同。

顺序结构的图标▢▢就像电影胶片，每一个子框图就是一帧画面，因此每个子框图称为帧(Frame)，子框图的编号从 0 开始。

4.4.1　平铺式顺序结构

1. 平铺式顺序结构建立

"平铺式顺序结构"(Flat Sequence Structure)位于函数选板"编程"下的"结构"子选板中，选择其下拉菜单中的"平铺式顺序结构"对象，拖至程序框图中，按住鼠标左键，向右下方拖动到所需大小后松开按键，即可创建一个平铺式顺序结构，如图 4-19(a)所示。

新建好的平铺式顺序结构只有一帧，可以通过单击鼠标右键，在出现的快捷菜单中选择"在后面添加帧"(Add Frame After)选项或者"在前面添加帧"(Add Frame Before)选项进行子框图的添加，通过拖动框图四周的箭头可以改变框图大小。添加好的顺序结构如图4-19(b)所示。

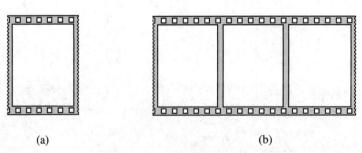

(a)　　　　　　　　　　　　　(b)

图 4-19　平铺式顺序结构

平铺式顺序结构把所有的子框图一起呈现出来，在执行过程中按照由左至右的顺序依次执行，直到执行完最后一个子框图。

2. 平铺式顺序结构数据传递

平铺式顺序结构中，两个帧之间的数据传递可以通过直接连线的方式来实现，连线经过两帧连接处时将产生一个小方块，称为隧道，数据通过隧道进行传输。如图 4-20(a)所示，在第 0 帧创建了一个"字符串常量"(String constant)，连线经过第 1 帧直接传输到第 2 帧，运行之后输出显示为"LabVIEW"(如图 4-20(b)所示)。

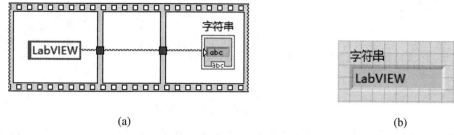

(a)   (b)

图 4-20 平铺式顺序结构数据传递

4.4.2 层叠式顺序结构

1. 层叠式顺序结构建立

在 LabVIEW 2015 集成开发环境中,不能直接创建"层叠式顺序结构"(Stacked Sequence Structure),但"层叠式顺序结构"可以通过"平铺式顺序结构"转换而来。在"平铺式顺序结构"对象中,单击鼠标右键,在出现的快捷菜单中选择"替换为层叠式顺序"(Replace with Stacked Sequence),即可创建"层叠式顺序结构",如图 4-21(a)所示。层叠式顺序结构添加帧的方法同平铺式顺序结构相同,但每次只能看到一个子框图,按照子框图 0、1、2 的顺序执行;单击顶部的顺序选择标识符左右两侧的箭头,可以增加或减少子框图的序号。图 4-21(b)为添加好的层叠式顺序结构的每一个子框图。

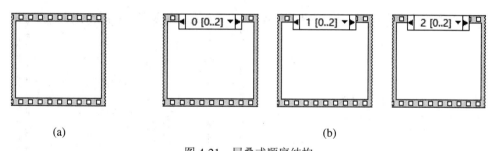

(a)   (b)

图 4-21 层叠式顺序结构

2. 层叠式顺序结构数据传递

在层叠式顺序结构中,两个帧之间的数据传递不能通过直接连线的方式来实现,必须要借助"局部变量"(Local Variable)来实现。建立"局部变量"的方法是:在"顺序结构"的边框上单击鼠标右键,在弹出的快捷菜单中选择"添加顺序局部变量"(Add Sequential Local Variables)选项,此时在弹出快捷菜单的位置会出现一个小方框,小方框的颜色会随传输数据类型的系统颜色发生变化。为这个小方框连接数据后,它的中间会出现一个指向顺序结构框的箭头,此时数据已经存储到顺序局部变量中。图 4-22(a)中,第 0 帧输入字符串创建了一个"字符串常量",该常量存储于该子框图的顺序局部变量中,数据经过第 1 帧向第 2 帧传输时,此时第 2 帧必须也要创建顺序局部变量才能进行数据接收;创建后小方框中的箭头方向指向外,表明数据传输方向指向字符串显示控件,运行之后输出显示为"LabVIEW",如图 4-22(b)。

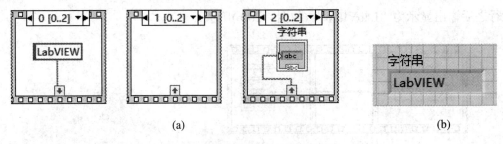

(a)　　　　　　　　　　　　　　　　　(b)

图 4-22　层叠式顺序结构数据传递

例 4-4　使用顺序结构实现由"随机数"函数产生 0~1 的随机数，计算出这些随机数的平均值达到 0.5 所用的时间，同时显示出随机数累加值、循环次数。

解　该程序使用顺序结构来实现，这里选用"层叠式顺序结构"，该顺序结构共有 3 帧，每一帧具体编辑如下：

(1) 第 0 帧中放置一个时间计数器。时间计数器返回计算机开机到当前的时间，时间单位为毫秒。

(2) 第 1 帧中使用移位寄存器将连续产生的随机数进行累加，用累加值除以循环次数，则可得到这些随机数的平均值。将该平均值直接送入"判定范围并强制转换"(In Range and Coerce)函数，比较它是否在 0.5000~0.5001 范围内，如果在此范围内，则退出循环。

(3) 第 2 帧中放置一个时间计数器。用当前时间值减去程序开始运行的时间，即可得到程序运行所消耗的时间。

运行程序，观察前面板的显示结果，如图 4-23 所示。

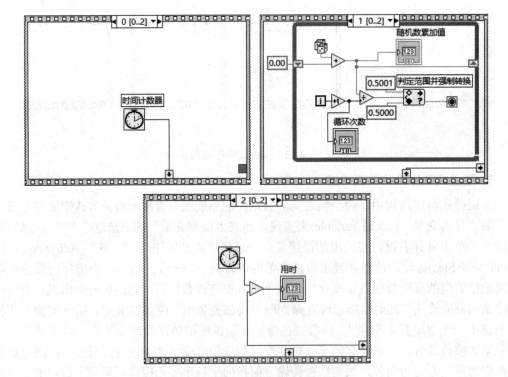

图 4-23　例 4-4 的程序框图

4.5 公 式 节 点

在程序设计中，如果复杂的运算完全依赖于图形代码来实现，工作量会比较大，而且程序框图也会显得十分复杂、不直观，调试也不方便。LabVIEW 提供了一种专门用于编辑、处理数学公式的结构形式，称为公式节点。在公式节点内，可以直接输入数学公式或者方程式，并连接相应的输入、输出端口。

公式节点适合于含有多个变量和较为复杂的方程，以及对已有代码的利用。可通过复制、粘贴的方式将已有的文本代码移植到公式节点中，无需通过图形化的编程语言再次创建相同的代码。

4.5.1 公式节点的建立

在函数选板的"编程"下的"结构"子选板中，选择"公式节点"(Formula Node)拖至程序框图空白处，按住鼠标左键，向右下方拖动到所需大小后松开按键，即可创建一个公式节点，如图 4-24 所示。

图 4-24 公式节点

4.5.2 公式节点的编辑

公式节点中的代码看上去就像一小段 C 语言的程序。公式节点中也可以声明变量，可以使用 C 语言的语法，可以加语句注释，每个公式语句也是以分号结束。公式节点的变量可以与输入/输出接线端连线无关，但是变量不能有单位。

需要输入变量时，使用鼠标右键单击"公式节点"边框，在弹出的快捷菜单中，选择"添加输入"即可添加一个输入变量，选择"添加输出"即可添加一个输出变量。输入和输出变量位于节点框上，可以沿节点框四周移动，在变量中添加变量名，即可完成变量的定义。图 4-25 所示的公式节点中定义了"x""m""n"三个输入变量和一个输出变量"y"。使用鼠标右键单击变量，在弹出的快捷菜单中选择"删除"即可删除该变量。

例 4-5 如图 4-25 所示，使用公式节点完成数学运算，$x > 0$，$y = 2mx^2 - 3nx + 1$ 和 $x \leqslant 0$，$y = -mx^2 + 2x - 3$。

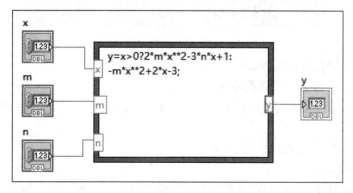

图 4-25 使用公式节点完成数学运算

综 合 实 训

通过以上知识学习完成本章的任务：简易函数信号发生器的设计与制作。

设计与制作一个能够产生方波、三角波、正弦波、锯齿波的简易函数信号发生器。其控制对象参数设置如下：

信号频率：10；

采样频率：1000；

采样点数：100；

幅度：1；

相位：0；

占空比：50；

重新设定相位控制：ON；

由于采样频率设为 1000 Hz，信号频率为 10 Hz，因此在一个信号周期内采样 100 次。

1. 前面板创建

函数发生器程序的前面板如图 4-26 所示。

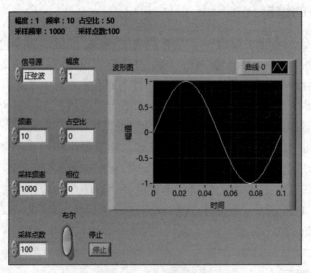

图 4-26   函数发生器程序的前面板

(1) 打开一个新的前面板窗口。

(2) 按题目要求添加控件到前面板。

① 依次添加信号频率、采样频率、采样点数、幅度、相位、占空比等数值型输入控件对象。

② 按图 4-26 所示添加两个布尔型控件。

③ 添加波形图表。

④ 添加信号源控件。此控件为枚举型，其作用是从一个列表中选择某一项，而不必知道该选项所代表的值，LabVIEW 会自动把该选项代表的值传递给程序。创建枚举型控件路

径为：在控件选板的"新式"下的"下拉列表与枚举"子选板中，点击"枚举"控件，拖至前面板窗口即可创建一个枚举型控件。

本项目的信号源需要列举出正弦波、三角波、方波和锯齿波四种。

首先在枚举型控件中键入"正弦波"，然后在控件上单击右键，从弹出的下拉菜单中选择"在后面添加项"，如图 4-27 所示。重复此操作，直至三角波、方波和锯齿波全部键入。

图 4-27 信号源控件的项目添加

2. 程序框图创建

函数发生器的程序框图如图 4-28 所示。

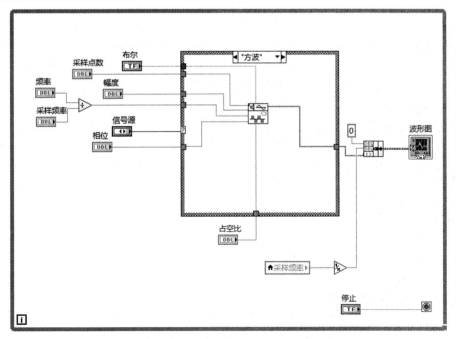

图 4-28 函数发生器的程序框图

(1) 条件结构包含有不同的程序，它仅仅执行所选定情况下的子程序。

(2) 将信号源与条件结构相连，在缺省条件下，条件结构只有两种情况。在此例中信号源枚举控制包含四种元素，则必须添加两种以上情况到条件结构。即用鼠标右键点击条件结构并从弹出菜单中选择"在后面添加"重复执行上述操作，以得到所需的情况。

(3) 关于采样频率的创建。首先在采样频率上单击右键，从弹出的下拉菜单中选择"创建"→"局部变量"，即可创建，但注意此时得到的函数是显示量，需要右键转化为输入量。

(4) 添加波形发生器到条件结构的各个情况。单击子程序显示条两侧的增加或减少箭头，以在不同情况直接转换。

① 添加正弦波 VI 到正弦波情况结构，从"信号处理"(Signal Dispose)的"信号生成"(Signal Generation)中选择"正弦波"(Sine)得到，如图 4-29(a)所示。使用连线工具将"正弦波"的连线端点分别与采样点数、幅度、频率、采样频率、相位相连。

② 添加三角波 VI 到三角波情况结构的方法同上，如图 4-29(b)所示。

③ 添加方波 VI 到方波情况结构的方法同上。

④ 添加锯齿波 VI 到锯齿波情况结构的方法同上，如图 4-29(c)所示。

正弦波、三角波、锯齿波的子框图如图 4-29 所示。

(a)　　　　　　　　　　(b)　　　　　　　　　　(c)

图 4-29　条件结构的子框图

3. 程序运行与分析

1) 前面板参数输入

前面板参数设置如下：

信号频率：10；

采样频率：1000；

采样点数：100；

幅度：1；

相位：0；

占空比：50；

重新设定相位控制：ON。

2) 开始运行并观察结果

单击"运行"按钮，运行程序。可以采用不同的幅度、采样频率和采样点数，观察波形的差别。对于方波程序，还可以设置不同的占空比观察波形的变化。

4. 对程序的修改及运行、分析原因、解决方法

运行时如果面板工具栏上的"运行"按钮箭头 ⬇ 变为折断箭头 ⬇ ，说明程序存在错误。单击折断箭头则可出现错误清单窗口，并列出程序中错误节点名称及错误原因，要求按提示修改程序。

小　结

结构的流程控制是程序设计中的一项重要内容，直接关系到程序的质量和执行效率。本章主要介绍了 LabVIEW 2015 的 5 种基本结构，即循环结构、条件结构、时间结构、事件结构和顺序结构，同时也介绍了公式节点、反馈节点和变量的使用方法。通过本章的学习，学生不仅了解了各种结构的组成和结构对程序的控制方式，而且掌握了各种结构的编辑方法以及包含结构的程序调试方法。

评价与考核如表 4-1 所示。

表4-1　评价与考核

【评估表】				
系部：　　　　　　　　　　　　　　　　班级：　　　　　　　　　　　　　　　日期：				
学习领域：虚拟仪器与 LabVIEW 编程技术		学习情境：结构控制		
学员名单：		授课教师：		总得分：
工作任务 1：项目实施前的准备				
序号	测 评 项 目	学员自评	学员互评	教师打分
1	计算机的基本操作(打开、保存、关闭)			
2	LabVIEW 程序知识(程序的组成、基本功能)			
3	计算机功能检测(正常工作、故障判断)			
工作任务 2：启动计算机				
序号	测 评 项 目	学员自评	学员互评	教师打分
1	调入 LabVIEW 软件(软件调用操作步骤)			
2	启动程序界面 (启动界面基本操作步骤)			
3	程序界面的基本操作 (程序界面的操作步骤)			
工作任务 3：编程				
序号	测 评 项 目	学员自评	学员互评	教师打分
1	前面板图标的调用及放置布局合理性			
2	程序框图图标的调用及放置、连线合理性			
3				

续表

<table>
<tr><td colspan="5">工作任务 4：运行与分析</td></tr>
<tr><td>序号</td><td>测 评 项 目</td><td>学员自评</td><td>学员互评</td><td>教师打分</td></tr>
<tr><td>1</td><td>前面板参数输入正确、错误的判断</td><td rowspan="3"></td><td rowspan="3"></td><td rowspan="3"></td></tr>
<tr><td>2</td><td>判断运行结果</td></tr>
<tr><td>3</td><td>对程序的修改及运行、分析原因、解决方法</td></tr>
<tr><td colspan="5">工作任务 5：提交数据和报告</td></tr>
<tr><td>序号</td><td>测 评 项 目</td><td>学员自评</td><td>学员互评</td><td>教师打分</td></tr>
<tr><td>1</td><td>填写实训报告</td><td rowspan="2"></td><td rowspan="2"></td><td rowspan="2"></td></tr>
<tr><td>2</td><td>打印编程序(前面板、程序框图)、存档</td></tr>
</table>

习　题

1．分别使用 For 循环和 While 循环实现 N!，要求 N 的值可以改变，并显示运行结果。

2．用两种方法求连续生成的 10 个随机数的最大值。

3．产生 100 个随机数，求其中的最大值、最小值和平均值。

4．利用 For 循环的移位寄存器，求 $0 + 5 + 10 + \cdots + 45 + 50$ 的值。

5．创建一个 VI，要求每秒钟产生一个 $0 \sim 1$ 的随机数，计算并显示产生 3 个随机数的平均值。当每次随机数大于 0.8 时，LED 点亮。

6．(1) 用 For 循环产生 4 行 10 列的二维数组，数组元素如下：

$$1，2，3\cdots10$$
$$10，9，8\cdots1$$
$$6，7，8\cdots15$$
$$15，14，13\cdots6$$

(2) 从这个数组中提取出 2 行 5 列的二维数组，数组元素如下：

$$5，4，3，2，1$$
$$11，12，13，14，15$$

将这两个数组用数组显示控件显示在前面板上。

7．编写计算以下等式的程序：

$$y1 = x^3 - x^2 + 5$$
$$y2 = m \times x + b$$

x 的范围是 $0 \sim 10$。

y1 和 y2 用数组显示控件显示在前面板上。

第 5 章　波 形 显 示

学习目标

1. 任务说明

在自动测试中，往往需要对采集的数据做波形显示。因此，本章的主要目标是设计与制作一个二维数组波形图。

学习目标如下：

(1) 掌握波形图表的设置。

(2) 了解前面板的设计技巧。

(3) 学习使用 LabVIEW 的编程方式。

2．知识和能力要求

1) 知识要求

(1) 掌握各种波形显示的特点。

(2) 掌握各种波形显示的方法。

(3) 掌握程序调试方法。

2) 能力要求

(1) 能够灵活使用各种结构进行编程。

(2) 能够熟练掌握程序调试技巧。

5.1　图形显示控件

LabVIEW 的特性之一是对数据的图形化显示提供了丰富的支持。强大的图形显示功能增强了用户界面的表达能力，极大地方便了用户对虚拟仪器的学习和掌握。本章介绍了图形显示控件的功能、进行数据显示的设置和对应数据类型的显示方式的设置。

图形显示控件位于前面板的"控件"→"新式"→"图形"选项卡中，如图 5-1 所示。

其中，常用控件有波形图表和波形图两大类，它们描绘数据的方式不同；同时还可以选择 XY 图、强度图、数字波形图、控件和三维图形，其中控件用于描绘专用图线和显示图片等，三维图形用于绘制三维图形。

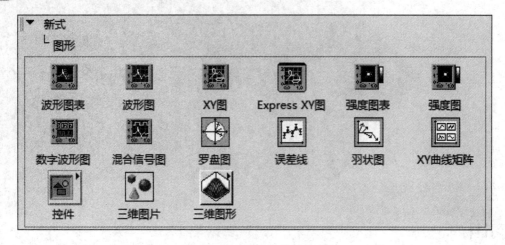

图 5-1　图形显示控件子选板

5.2　波 形 图 表

5.2.1　波形图表的特点

波形图表控件用于将数据源(data)(如采集得到的数据)在某一坐标系中实时、逐点地显示出来，它可以反映被测物理量的变化趋势，例如显示一个实时变化的波形或曲线。传统的模拟示波器、波形记录仪就具有这样的功能。而波形图是对已采集数据进行事后处理的结果，它先将被采集数据存放在一个数组之中，然后根据需要组织成所需的图形显示出来，它的缺点是没有实时显示，但是它的表现形式却丰富得多。波形图表和波形图的对比如图 5-2 所示。

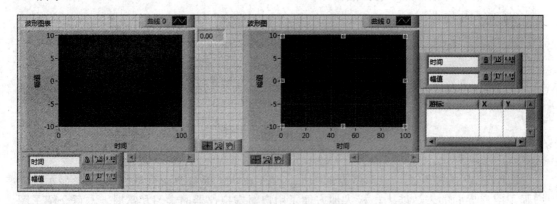

图 5-2　波形图表和波形图对比图

5.2.2　波形图表的设置

在默认的情况下，波形图表控件除了绘图区域之外，可见的显示项元素还包括标签、曲线图例、X 刻度和 Y 刻度等。其基本的显示模式是等时间间隔地显示数据点。波形图表界面如图 5-3 所示。

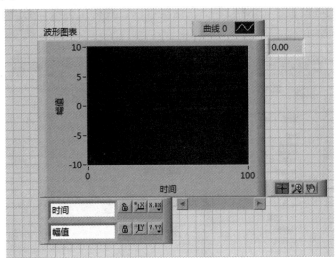

图 5-3　波形图表界面

波形图表控件提供了多个显示项元素。在程序前面板上用鼠标右键单击波形图表控件，在弹出的快捷菜单"的 Visible Items"选项下即可看到这些显示项；或在快捷菜单中单击属性"Properties"选项，弹出图形属性设置窗体，在其中可以查看或进行设置。图 5-4 所示为波形图表属性外观设置。

图 5-4　波形图表属性外观设置

其中可以勾选"显示图形工具选板""显示图例""显示水平滚动条"等对波形图表进行显示设置，也可以在"大小"栏中设置波形图表的尺寸，还可以选择"标签""标题"是否可见等。

　　图表属性中还可设置"显示格式"。在这里可以设置标尺标签、类型、精度类型、数据位数等，如图 5-5 所示。

图 5-5　波形图表属性显示格式设置

　　在"曲线"设置中可以对曲线名称、曲线类型以及 X、Y 标尺进行设置，如图 5-6 所示。

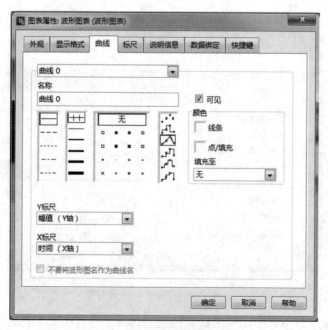

图 5-6　波形图表属性曲线设置

在"标尺"设置中可以修改刻度样式与颜色、网格样式与颜色以及自动调整标尺选项等设置，如图 5-7 所示。

图 5-7　波形图表属性标尺设置

5.2.3　波形图表的数据类型

当绘制一条曲线时，波形图表控件可接收多种格式的数据。

1．一维数组(One-dimensional Array)

一维数组的时间默认为从 0 开始，数据点之间的时间间隔为 1 个时间单位。该一维数组的第 0 个元素对应时刻 0，第 1 个元素对应时刻 1，依此类推。这种情况就是对信号进行周期为 1 个时间单位的采样，数组中的元素是采样所得到的结果。图 5-8(a)所示是一维数组波形图表前面板，图 5-8(b)所示是程序框图。

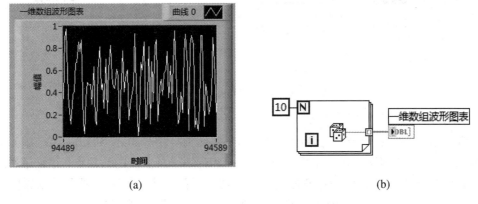

(a)　　　　　　　　　　　　　　　(b)

图 5-8　一维数组波形图表前面板和程序框图

2．二维数组(Two-dimensional Array)

二维数组的每一行都可看成是一条曲线的数据，初始的时间起点为 0，数据点之间的间隔为一个时间单位，这种数据格式要求每条曲线的数据长度相同。图 5-9(a)所示是二维数组波形图表前面板，图 5-9(b)所示是程序框图。

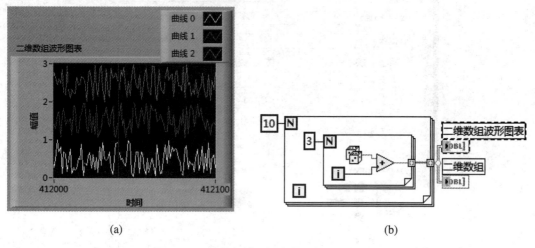

(a)　　　　　　　　　　　　　　　　(b)

图 5-9　二维数组波形图表前面板和程序框图

3．簇数据(Cluster Data)

簇中应包含起始时间、采样数据和采样间隔，即相当于对上述情况下的数据再加上起始时间和采样间隔构成簇数据。当绘制多条曲线时，波形图表控件可接收多种类型的数据。图 5-10(a)所示是簇数据波形图表前面板，图 5-10(b)所示是程序框图。

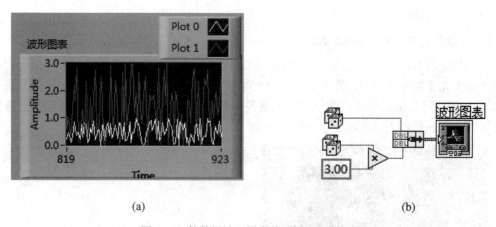

(a)　　　　　　　　　　　　　　　　(b)

图 5-10　簇数据波形图表前面板和程序框图

4．簇作为元素的二维数组

簇数据由 dx 和 x0 以及二维数组构成，两条曲线具有相同的 dx 和 x0，每个簇元素就是绘制一条曲线时的簇数据类型，它包含 x0、dx 和代表一条曲线的数据点。这是最通用的一种多曲线数据格式，它允许每条曲线包含不同的时间起点、时间间隔和数据长度。图 5-11(a)所示是簇二维数组波形图表前面板，图 5-11(b)所示是程序框图。

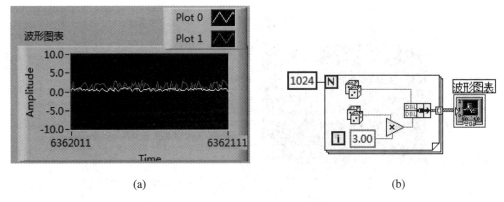

(a)   (b)

图 5-11 簇二维数组波形图表前面板和程序框图

5. 其他种类的数据类型

可以调用"信号处理"→"波形生成"中的正弦函数波形，则在波形图中会绘制出一条曲线；还可以调用"Express"→"输入"中的仿真信号，以此来产生一个正弦波。图 5-12(a) 所示是正弦函数波形图表前面板，图 5-12(b)所示是程序框图。

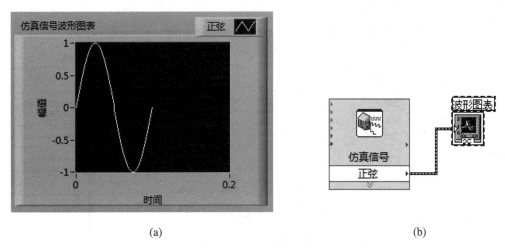

(a)   (b)

图 5-12 正弦函数波形图表前面板和程序框图

5.3 波 形 图

5.3.1 波形图的设置

同波形图表控件一样，在默认的情况下，波形图控件除了绘图区域外，可见的显示项元素还包括标签、曲线图例、X 刻度和 Y 刻度等。波形图控件的大部分显示项元素与波形图表控件的显示项元素是相同的。它所特有的是"数据显示"，选中它后，在图形的右上角会出现一个数字显示器，这样在画出曲线的同时可以显示当前最新的一个数据值(Y 坐标的值)，如图 5-13 所示。

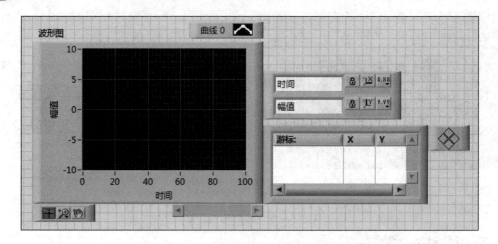

图 5-13　波形图界面

单击右键选择波形图属性，在"外观"选项卡中可以设置标签、图例、水平滚动条等。

波形图控件的其余设置基本与波形图表控件一致，但波形图多一个游标设置，在其中可以选择游标类型、游标名称以及一些相关设置，如图 5-14 所示。

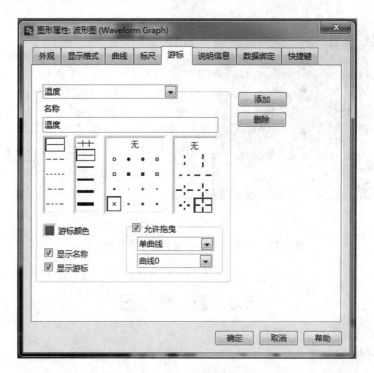

图 5-14　波形图游标设置

另外，波形图控件还提供了 3 种刷新模式(Update Mode)。用鼠标右键单击波形图控件，在弹出的快捷菜单上再单击"Properties"，在 Chart Properties 设置窗体的 Appearance 页可以看到这 3 种模式。

(1) Scroll(滚动模式)。它与纸带式图表记录仪模式类似，曲线从左到右连续绘制，当新的数据点到达右部边界时，先前的数据点逐次左移。

(2) Scope(示波器模式)。它与示波器模式类似，曲线从左到右连续绘制，当新的数据点到达右部边界时，清屏刷新，从左边开始新的绘制。它的速度较快。

(3) Sweep(扫描模式)。它与示波器模式的不同在于，当新的数据点到达右部边界时不清屏，而是在最左边出现一条垂直扫描线，以它为分界线，在其左边不断画出新的数据点，将原有曲线逐渐覆盖，如此循环下去。

当绘制单条曲线时，波形图控件可接收两种格式的数据，分别是标量数据和数组，这些数据接在原有数据的后面显示。当输入标量数据时，曲线每次向前推进一个点；当输入数组数据时，曲线每次向前推进的点数等于数组的长度。

同时，波形图区别于波形图表的不同之处在于，它能够使用游标，能够准确读出曲线上的任何一个点的数据。可以在空白的游标图上单击，创建游标，如图 5-15 所示。

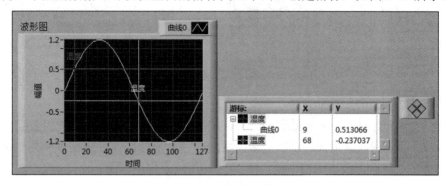

图 5-15 波形图显示游标

5.3.2 波形图的数据类型

当绘制一条曲线时，波形图控件可接收多种格式的数据。

1．一维数组

使用 For 循环对随机数产生一个一维数组，输入到波形图中。图 5-16(a)所示是一维数组波形图前面板，图 5-16(b)所示是程序框图。

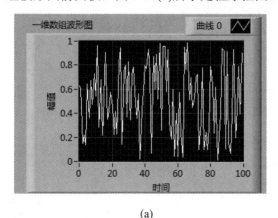

(a)

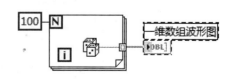

(b)

图 5-16 一维数组波形图前面板和程序框图

2．二维数组

二维数组的每一行都可看成是一条曲线的数据。图 5-17(a)所示为二维数组波形图前面板，图 5-17(b)所示是程序框图。

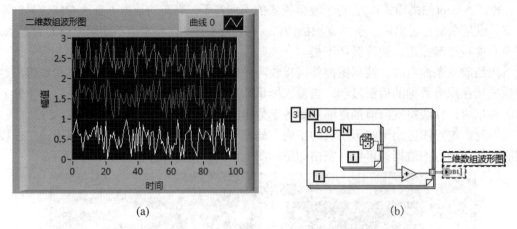

(a)   (b)

图 5-17　二维数组波形图前面板和程序框图

3．簇数据

簇中应包含起始时间、采样数据和采样间隔，即相当于对上述情况下的数据再加上起始时间和采样间隔构成簇数据。当绘制多条曲线时，波形图控件可接收多种类型的数据。图 5-18(a)所示是簇数据波形图前面板，图 5-18(b)所示是程序框图。

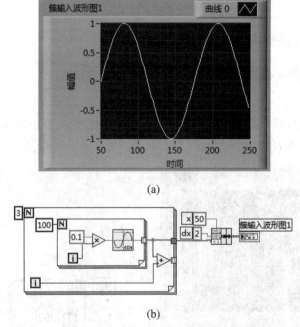

(a)

(b)

图 5-18　簇数据波形图前面板和程序框图

4．簇作为元素的二维数组

这是最通用的一种多曲线数据格式，它允许每条曲线包含不同的时间起点、时间间隔和数据长度。图 5-19(a)所示是二维簇数据波形图前面板,图 5-19(b)所示是程序框图。

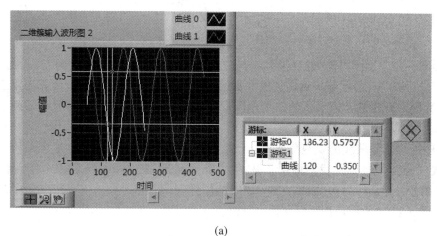

(a)

(b)

图 5-19 二维簇数据波形图

5. 其他种类的数据类型

可以调用"信号处理"→"波形生成"中的正弦函数波形,则波形图可绘制出一条曲线;还可以调用"Express"→"输入"中的仿真信号,以此来产生一个正弦波。图 5-20(a)所示是正弦函数波形图前面板,图 5-20(b)所示是程序框图。

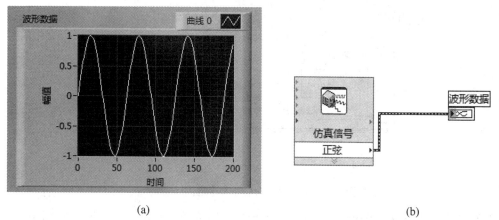

(a)   (b)

图 5-20 正弦函数波形图前面板和程序框图

5.4　XY 图

波形图表和波形图只能描绘样点均匀分布的单值函数变化曲线,因为它们的 X 轴只是表示时间先后顺序,而且是单调均匀的。要想描绘 Y 与 X 的函数关系,就需要用 XY 图形控件。XY 图形就是通常意义上的笛卡尔图形,描绘 XY 图(XYChart)首先需要两个数组 X和 Y。

XY 图描绘一条曲线需要两个数组,一个作为 X 轴数组,一个作为 Y 轴数组,两个数组捆绑成一个簇。例如,我们调用正弦函数(Sinusoidal Function)图像和余弦函数(Cosine Function)图像,分别作为 X 轴和 Y 轴,这时的图像应该是一个圆。图 5-21(a)所示是 XY 图前面板,图 5-21(b)所示是程序框图。

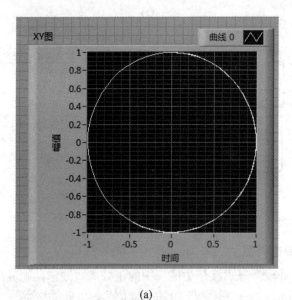

(a)

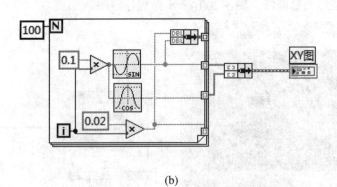

(b)

图 5-21　XY 图前面板和程序框图

XY 图的另一种类型是 Express 用法。程序会自动转换数据类型,变成适合 XY 图的结构,如图 5-22 所示。

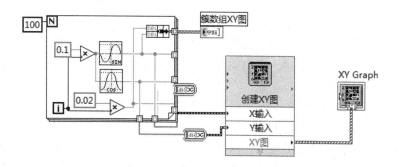

图 5-22 XY 图的 Express 用法

5.5 强 度 图

强度图(Intensity Chart)控件提供了一种在二维平面上表现三维数据的方法，它与前面介绍的图形控件的主要区别是多了一个坐标轴 Z。强度图控件能够接收的数据是由数值元素构成的二维数组，数组元素的值在显示区域用不同亮度的颜色块来显示。图 5-23(a)所示是强度图前面板，图 5-23(b)所示是程序框图。

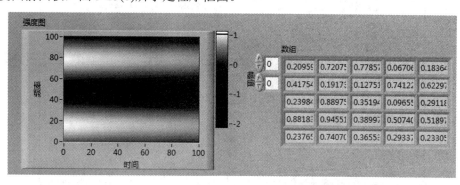

(a)

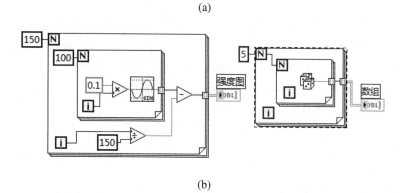

(b)

图 5-23 强度图前面板和程序框图

X 坐标值为数组的行序号，Y 坐标值为数组的列序号，不同颜色的方块代表了数组颜色的值。在强度图上单击鼠标右键，将弹出快捷菜单，选中转置数组，则 X、Y 的坐标值分别变为数组的列、行序号(注意，此时数组本身并不转置)。

Z 轴颜色可以手动设置，也可采用编程的方法设置。这里介绍手动设置的方法。在 Z 轴刻度的数字上单击鼠标右键，弹出快捷菜单，在刻度颜色选项下是一个颜色拾取器，可在其中选择该刻度所对应的新颜色。在 Z 轴颜色条上单击鼠标右键，弹出快捷菜单，选择添加刻度可以增加新刻度，然后可用同样的方法为新刻度选择新颜色。将鼠标移到刻度线上，可拖动该刻度线到新的位置。

强度图控件和强度图表控件的用法基本相同，不同之处是强度图表控件在接收到新数据后会清除原有数据，而强度图控件会把新数据接续到旧数据的后面。

5.6 三 维 图 形

三维图形(3D Chart)显示控件包括三维曲面(3D Surface)、三维参数图形(3D Parametric Surface)和三维曲线(3D Curve)三个模块，它们实际上由一个包含了三维图形控件的 ActiveX 容器和相应的图形绘制子 VI 构成，只要给该子 VI 提供适当的数据，就可绘出需要的三维图形。图 5-24 所示为三维图形选板。

图 5-24 三维图形选板

需要输入的数据是 X 轴(X Vector)、Y 轴(Y Vector)和 Z 轴(Z Vector)。X 轴和 Y 轴都是一维数组，其元素 X[i] 和 Y[j] 是空间点 P 在 X-Y 平面上投影点的坐标值，Z 轴是二维数组，其元素值 Z[i,j] 是 P 点在 Z 轴上的坐标值。换句话说，P 点在空间的坐标值为(X[i], Y[j], Z[i,j])。将所有 P 点光滑连接就构成了三维曲面。

三维参数图形子 VI 与三维曲面图形子 VI 的不同点在于，后者的 X 轴、Y 轴是一维数组，而在前者中变为 X 矩阵、Y 矩阵，都是二维数组。它们与 Z 矩阵一起分别决定了相对于 x、y、z 平面的曲面。

三维线条子 VI 的三个输入参数均为一维数组，即 X 轴、Y 轴和 Z 轴。这三个一维数组中具有相同下标(索引)的元素构成了空间曲线上的点的坐标，顺序连接这些点，就绘出了空间的曲线。图 5-25(a)所示是三维曲面绘图效果，图 5-25(b)所示是程序框图。

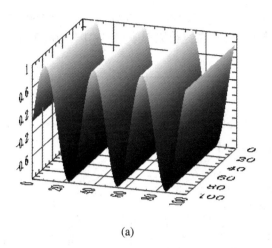

(a)

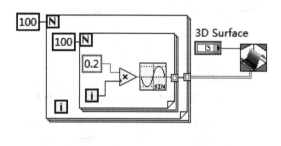

(b)

图 5-25　三维曲面绘图

5.7　特殊图线和图片的显示

除了基本的图表、图形控件外，LabVIEW 还提供了特殊图线(Special Drawing Line)控件，通过这些特殊图线控件，用户可以随心所欲地画出自己想要的图形。同时，通过图线控件，LabVIEW 还提供了丰富的预定义控件用于实现各种曲线图形，比如极坐标图(Polar Attributes)、雷达图(Radar Chart)、Smith 图、散点图(Scatter Plot)等。特殊图线和图片选板如图 5-26 所示。

图 5-26　特殊图线和图片选板

"二维图片"是一个通用性很强的控件，可以替代这个选项卡下所有的显示控件，同时通过编程还可以绘制任意的二维图形，而且对绘制图形的每一个像素都可以进行操作和控制。在二维图片上单击右键，在快捷菜单中选择"图片函数选板"，可以看到有很多画图函数，如图 5-27 所示。

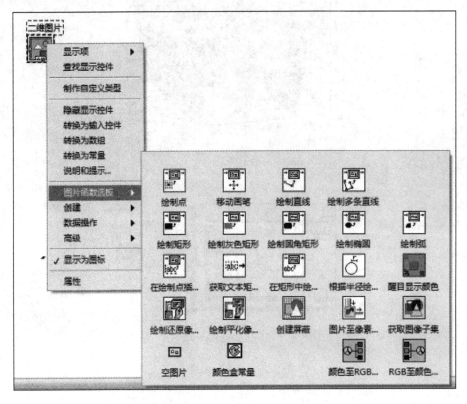

图 5-27　图片函数选板

这些函数都有一个"图片输入"参数和"新图片"输出参数，这两个参数连接，可以使得每个函数在前一个函数的基础上完成更进一步的功能。

我们也可以用显示程序读取图片文件。在前面板中显示一张图片，根据图片的格式选择"读取 BMP"文件，然后使用"绘制平化像素图"函数，就能显示出文件图片，如图 5-28 所示。

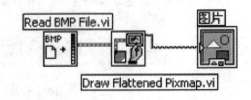

图 5-28　显示读取图片文件

综 合 实 训

本章的主要目标是设计与制作一个二维数组波形图。具体步骤如下：

(1) 打开一个新的前面板窗口，选择"波形图"，如图 5-29 所示。

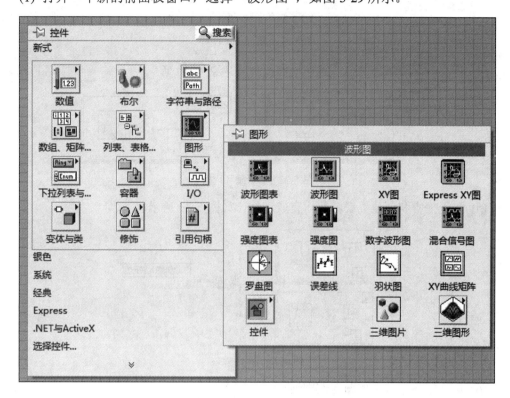

图 5-29 设置波形图

(2) 完成波形图的放置，如图 5-30 所示。

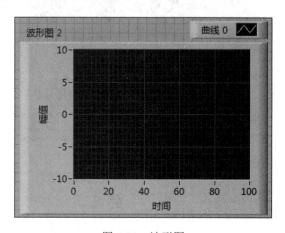

图 5-30 波形图

(3) 在程序面板选择"结构"→"For 循环",如图 5-31 所示。

图 5-31 建立 For 循环

(4) 加入正弦和余弦函数作为循环内容,如图 5-32 所示。

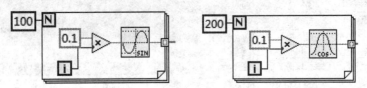

图 5-32 For 循环内容

(5) 加入捆绑和创建数组函数,完成连线,如图 5-33 所示。

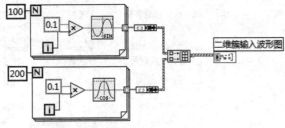

图 5-33 程序接线

(6) 运行程序,效果如图 5-34 所示。

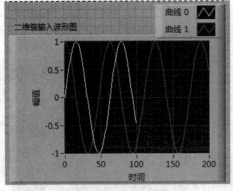

图 5-34 运行效果

小 结

本章主要介绍了 LabVIEW 中各种波形显示的特点以及各种波形的显示方法。通过本章的学习，可使学生能够灵活地运用波形数据和显示功能。

评价与考核如表 5-1 所示。

表 5-1 评价与考核

【评估表】

| 系部： | | 班级： | | 日期： |

| 学习领域：虚拟仪器与 LabVIEW 编程技术 | 学习情境：波形的显示 |

| 学员名单： | 授课教师： | 总得分： |

工作任务 1：项目实施前的准备

序号	测 评 项 目	学员自评	学员互评	教师打分
1	计算机的基本操作(打开、保存、关闭)			
2	LabVIEW 程序知识(程序的组成、基本功能)			
3	计算机功能检测(正常工作、故障判断)			

工作任务 2：启动计算机

序号	测 评 项 目	学员自评	学员互评	教师打分
1	调入 LabVIEW 软件(软件调用操作步骤)			
2	启动程序界面 (启动界面基本操作步骤)			
3	程序界面的基本操作 (程序界面的操作步骤)			

工作任务 3：编程

序号	测 评 项 目	学员自评	学员互评	教师打分
1	前面板图标的调用及放置布局合理性			
2	程序框图图标的调用及放置、连线合理性			
3				

工作任务 4：运行与分析

序号	测 评 项 目	学员自评	学员互评	教师打分
1	前面板参数输入正确、错误的判断			
2	判断运行结果			
3	对程序的修改及运行、分析原因、解决方法			

工作任务 5：提交数据和报告

序号	测 评 项 目	学员自评	学员互评	教师打分
1	填写实训报告			
2	打印编程序(前面板、程序框图)、存档			

习　题

1．创建一个 VI，用于实时测量和显示温度，同时给出温度的最大值、最小值和平均值(返回温度测量值使用 LabVIEW\Activity 目录下的 Digital Thermomert.vi 节点)，并可以进行图形缩放和光标控制。

2．设计一个平均数滤波器程序，测量一个信号的电流值并进行滤波处理，以前 3 个点的平均值作为滤波方法，共测量 100 个点，同时在一个波形显示中显示滤波前后两波形。滤波前使用红色虚线，滤波后使用绿色实线。观察波形变化。

3．创建一个 VI，用于绘制圆，并使用 XY 图显示节点。

4．使用循环构建一个 5×10 的数组，在强度图中显示，并分析强度图中颜色分布与数组元素值的对应关系。

第6章 文件的输入/输出

学习目标

1. 任务说明

对于一个完整的测试系统或者数据采集系统，经常需要将硬件的配置信息写入配置文件，或者将采集到的数据以一定的格式存储在文件中，或者生成相应的测试报告。因此，LabVIEW 提供了强大的文件 I/O 函数用以满足不同的文件操作需求。

本章的主要任务是用 LabVIEW 编写一个文件操作程序。

2. 知识和能力要求

1) 知识要求

(1) 掌握文件创建、打开和关闭方法。

(2) 学会读取和写入文件。

(3) 学会更改文件属性。

(4) 熟悉不同文件类型之间的区别。

2) 能力要求

(1) 能够根据实际要求选择合适的文件类型。

(2) 能够正确使用各个类型的文件对采集数据进行存储。

(3) 掌握所有文件类型的操作方法。

6.1 文件 I/O 基础

文件 I/O 操作，即文件输入/输出操作，其基本的功能是将数据存储到文件中或者从文件中读取数据，以及实现对文件的创建、重命名、修改文件属性、关闭文件等功能。

6.1.1 路径

文件路径分为绝对路径和相对路径。

绝对路径指带有域名的文件的完整路径，是指目录下的绝对位置，可以直接到达目标位置。

相对路径就是指这个文件所在的路径引起的跟其他文件(或文件夹)的路径关系。使用相对路径可以为我们带来非常多的便利。

路径是一种 LabVIEW 数据类型，用来指定文件在磁盘上的位置，图标为 ▭。路径包含文件所在的磁盘、文件系统根目录到文件之间的路径以及文件名。在控件中可按照平台特定的标准语言输入或者显示一个路径。

表 6-1 包含了可以在 LabVIEW 中使用的不同类型的文件路径的信息。

表 6-1　LabVIEW 中使用的不同类型的文件路径的信息

类　型	说　明　信　息	用　　法
绝对路径	描述从文件系统根目录开始的文件或目录地址。例如：C:\LabVIEWTest\test.txt	无需考虑当前的工作目录，使用绝对路径指向文件系统中的相同位置
相对路径	文件或目录相对于文件系统一个任意位置的地址。例如：..\test.txt	使用相对路径，指向可能随当前工作目录更改的位置；使用相对路径，可避免在另一台计算机上创建应用程序或运行 VI 时重新指定路径

6.1.2　引用句柄

引用句柄是一种特殊的数据类型。当用户打开一个文件时，LabVIEW 将返回一个与文件相关联的引用句柄，此后所有与该文件相关的操作都可以使用引用句柄来进行；当文件关闭后，与之对应的引用句柄就会被释放。引用句柄的分配是随机的，同一文件被多次打开时，其每次分配的引用句柄是不同的。

使用位于引用句柄和经典引用句柄选板上的控件，可对文件、目录、设备和网络连接进行操作。引用句柄控件用于将前面板中的对象信息传送给子 VI。

引用句柄是对象的唯一标识符，这些对象包括文件、设备或网络连接等。打开一个文件、设备或网络连接时，LabVIEW 会生成一个指向该文件、设备或网络连接的引用句柄。对打开的文件、设备或网络连接进行的所有操作均使用引用句柄来识别每个对象。引用句柄控件用于将一个引用句柄传进或传出 VI。例如，引用句柄控件可在不关闭或不重新打开文件的情况下修改其指向的文件内容。

由于 LabVIEW 可以记住每个引用句柄所指的信息，如读取或写入的对象的当前地址和用户访问情况，因此可以对单一对象执行并行且相互独立的操作。如一个 VI 多次打开同一个对象，那么每次的打开操作都将返回一个不同的引用句柄。VI 结束运行时，LabVIEW 会自动关闭引用句柄，如果用户在结束使用引用句柄时就立即将其关闭，可最有效地利用内存空间和其他资源，这是一个良好的编程习惯。关闭引用句柄的顺序与打开时相反。例如，如果获得了对象 A 的一个引用句柄，然后对象 A 调用方法以获得对象 B 的引用句柄，则请先关闭对象 B 的引用句柄然后再关闭对象 A 的引用句柄。如在 For 循环或 While 循环内部打开一个引用句柄，每次重复循环时请关闭该引用句柄，因为 LabVIEW 将重复为句柄分配内存直至 VI 运行结束后才释放该内存。

6.1.3　文件 I/O 格式的选择

为了满足不同数据的存储格式和性能需求，LabVIEW 提供了多种文件类型。下面将逐个介绍这些文件类型以及在何种情况下应该使用何种文件类型。

LabVIEW 支持的全部文件类型如下：

- 文本文件(Text Files)
- 表单文件(Spreadsheet Files)
- 二进制文件(Binary Files)
- 数据记录文件(Datalog Files)
- XML 文件(xml Files)
- 配置文件(Configuration Files)
- 波形文件(Waveform Files)
- 基于文本的测量文件(.lvm Files)
- 数据存储文件(.tdm Files)
- 高速数据流文件(.tdms Files)

1．文本文件

文本文件将字符串以 ASCII 编码格式存储在文件中，比如 TXT 文件和 EXCEL 文件。这种文件类型最常见，可以在各种操作系统下由多种应用程序打开，如记事本、WORD、EXCEL 等第三方软件，因此这种文件类型的通用性最强。但是对于其他类型文件，它消耗的硬盘空间相对较大，读写速度也较慢，也不能随意地在指定位置写入或读出数据。如果需要将数据存储为文本文件，必须先将数据转换为字符串才能存储。

2．表单文件

表单文件实际上也是一种文本文件，只不过它的输入数据格式可以是一维或二维数据数组。它将数据数组转换为 ASCII 码存放在电子表格文件中，因此用它存储数据数组非常方便。

3．二进制文件

二进制文件是最有效的一种文件存储格式，它占用的硬盘空间最少而且读写速度最快。它将二进制数据，比如 32 位整数以确定的空间存储 4 个字节，因此不会损失精度，而且可以随意地在文件指定位置读写数据。但是与文本文件不同的是，不能直接读懂二进制文件，必须通过程序翻译后才能读懂。

4．数据记录文件

数据记录文件实际上也是一种二进制文件。但是，它的输入数据可以是任何类型的 LabVIEW 数据格式，例如簇和数据数组等。从该文件中读出来的数据仍然能保持原格式，因此它适合用来存储各种复杂类型的数据格式。

5．XML 文件

XML 语言已经成为一种广泛使用的标记性语言，多种应用程序都以它作为传递信息的标准。LabVIEW 中的任何数据类型都能转换成 XML 语法格式的文本并存储在 XML 文件中。它实际上也是一种文本文件。

6．配置文件

配置文件就是标准的 Windows 配置文件(INI 文件)，它适合用来写一些硬件配置信息。

它实际上也是一种文本文件。

7. 波形文件

波形文件专门用于存储波形数据类型，它将波形数据以一定的格式存储在二进制文件或表单文件中。

8. 基于文本的测量文件

基于文本的测量文件将动态类型数据按照一定的格式存储在文本文件中。它可以在数据前加上一些信息头(例如采集时间等)，也可以由 Excel 等文本编辑器打开查看其内容。

9. 数据存储文件

数据存储文件将动态类型数据存储为二进制文件，同时可以为每一个信号都添加一些有用的信息(例如信号名称和单位等)，在查询时可以通过这些附加信息来查询所需要的数据。它被用来在 NI 各种软件间交换数据，例如 DIAdem。它比 LVM 文件占用空间更小，读写速度更快。

10. 高速数据流文件

高速数据流文件是对数据存储文件的改进。它比数据存储文件的读写速度更快，使用更简单方便，因此非常适合用来存储数据量庞大的测试数据。

采用何种文件 I/O 选板上的 VI 取决于文件的格式。常见的 LabVIEW 可读写文件格式有文本文件、二进制文件和数据记录文件三种。使用何种格式的文件取决于采集和创建的数据及访问这些数据的应用程序。

根据以下标准确定使用的文件格式：

(1) 如需在其他应用程序(如 Microsoft Excel)中访问这些数据，则使用最常见且便于存取的文本文件。

(2) 如需随机读写文件或读取速度及磁盘空间有限，则使用二进制文件。在磁盘空间利用和读取速度方面，二进制文件优于文本文件。

(3) 如需在 LabVIEW 中处理复杂的数据记录或不同的数据类型，则使用数据记录文件。如果仅从 LabVIEW 访问数据，而且需存储复杂数据结构，则数据记录文件是最好的方式。

6.2　文件 I/O 操作

文件 I/O 的操作内容：
- 打开/创建文件
- 读写文件
- 关闭文件
- 文件的移动和重命名
- 修改文件属性

对于写文件操作，首先需要打开已有文件或者指定路径新建一个文件，无论是打开函数还是新建函数都会返回一个该文件的引用句柄。引用句柄是一种特殊的数据类型，它包含了文件所有应该具有的信息，比如地址、类型、当前指针位置、写允许还是读允许等。此后，所有该文件的操作都以它的引用句柄作为输入，对文件操作后需要关闭文件及释放引用句柄。

　　文件路径可以由路径常数或控件指定，也可以通过打开文件选择对话框让用户选择文件从而返回文件路径。一般来说，相对路径可以增加程序的可移植性。通过 Functions Palette 的 Programming→File Constants 面板下的各种常量可以获取当前 VI 路径、默认文件路径和临时文件路径等，再通过 Build Path 和 Strip Path 函数实现相对路径。

　　打开文件选择对话框函数在 Functions Palette 中的位置为 Programming→File I/O→Advanced FileFunctions→Files Dialog，这是一个 Express VI。文件路径可以与字符串相互转换，也可以将文件的引用转换为该文件的所在路径。这些函数在 Functions Palette 的 Programming→File I/O→Advanced File Functions 面板下。

　　Advanced File Functions 面板下包含了大量的文件操作函数，比如复制、创建文件夹、获得文件列表、设置文件属性等。

6.2.1　用于常用文件 I/O 操作的 VI 和函数

　　文件操作函数位于 Functions Palette 的 Programming→File I/O 面板下，如图 6-1 所示。

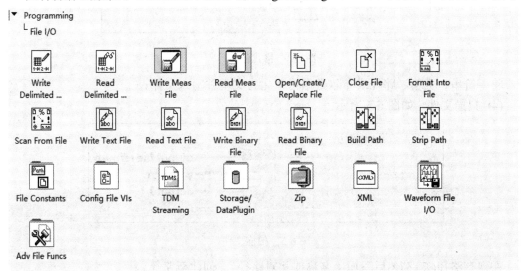

图 6-1　文件操作函数面板

(1) 打开/创建/替换文件，如图 6-2 所示。

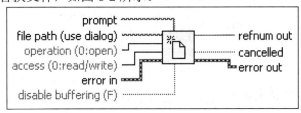

图 6-2　打开/创建/替换文件

　　该函数通过编程或使用文件对话框交互式地打开现有文件、创建文件或者替换现有文件。其中，"提示"是显示在文件对话框的文件、目录列表或文件夹上方的信息。

(2) 关闭文件，如图 6-3 所示。

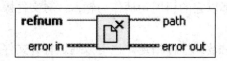

图 6-3 关闭文件

该函数关闭"引用句柄"制定的打开文件，并返回至引用句柄相关文件的路径。关闭文件执行步骤如下：

① 把缓冲区中的文件数据写入到物理存储介质上。

② 更新文件列表信息。

③ 释放引用句柄。

(3) 格式化写入文件，如图 6-4 所示。

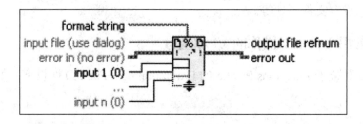

图 6-4 格式化文件

将字符串、数值、路径或布尔数据格式化为文本并写入文件。

(4) 扫描文件，如图 6-5 所示。

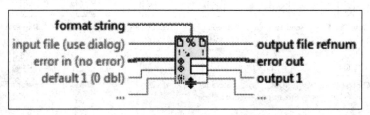

图 6-5 扫描文件

在现有路径(基路径)后添加"名称或相对路径"，创建新路径。

(5) 拆分路径，如图 6-6 所示。

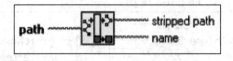

图 6-6 拆分路径

返回"路径"最后部分的"名称"和最后部分之前的"拆分的路径"。

6.2.2 文件常量

文件常量用于文件 I/O 操作的 VI 和函数。

详细的文件常量参考表 6-2。

表 6-2　文件常量列表

选板对象	说　　明
VI 库	返回当前计算机上当前应用程序实例的 VI 库目录的路径
当前 VI 路径	返回当前 VI 访问的文件路径。如 VI 尚未保存，则函数返回<非法路径>
非法路径常量	返回的路径值为<非法路径>。发生错误且不希望返回路径时，该路径可作为结构和子 VI 的输出
非法引用句柄常量	返回值为<非法路径>的引用句柄。发生错误时，该引用句柄可作为结构和子 VI 的输出
获取系统目录	返回系统目录类型中指定的系统目录
空路径常量	返回一个空路径
临时目录	返回临时目录的路径
路径常量	该常量用于为程序框图提供常量路径值
默认目录	返回默认目录的路径
默认数据目录	返回用于保存 VI 或函数生成数据的指定目录
应用程序目录	返回应用程序所在目录的路径

6.2.3　配置文件 VI

配置文件 VI 用于创建、修改和读取独立于平台的配置文件。

详细的配置文件 VI 参考表 6-3。

表 6-3　配置文件 VI 列表

选板对象	说　　明
打开配置数据	打开独立于平台的配置文件中的配置数据的引用
读取键	读取由引用句柄指定的配置数据中某个段的键值。如该键不存在，则 VI 返回默认值。该 VI 支持字符串中出现多字节字符。通过连线数据至默认值输入端可确定要使用的多态实例，也可手动选择实例
非法配置数据引用句柄	确定配置数据引用句柄是否有效
关闭配置数据	使引用句柄指定的数据写入独立于平台的配置文件，再关闭该文件的引用
获取段名	获取引用句柄指定的配置数据中所有段的名称
获取键名	获取引用句柄指定的配置数据中某个段的所有键的名称
删除段	删除引用句柄指定的配置数据中的某个段
删除键	删除引用句柄指定的配置数据中某个段的键值
写入键	使值写入引用句柄指定的配置数据中某个段的键。该 VI 将对内存中的数据进行修改。如需使数据写入磁盘，可使用"关闭配置数据"VI。通过连线数据至值输入端可确定要使用的多态实例，也可手动选择实例

6.2.4　TDMS 文件

　　高速数据流(TDMS)文件是对 TDM 文件的改进，它比 TDM 文件读写速度更快，属性定义接口更简单。TDM 文件和 TDMS 文件可以相互转换。因此，推荐使用 TDMS 文件代替 TDM 文件。

　　TDMS 文件的相关操作函数位于 Functions Palette 的 Programming→File I/O→TDM Streaming 面板下，如图 6-7 所示。它采用了普通的 VI 函数的形式，这也是与 TDM 文件操作函数的重大区别。虽然 TDMS 文件操作函数使用更加快捷，但是并不如 TDM 文件操作函数那么易用。

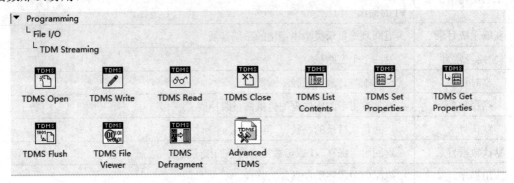

图 6-7　TDM Streaming 文件操作函数面板

　　TDMS 文件中属性值用变量类型表示，因此可以直接将属性值作为输入。若同时输入多个属性值，则需要对各种属性值的类型先转换为变量类型，再构造为数组作为输入。若 TDMS Write 函数的组名和通道名输入为空，则表示此时输入的属性为 File 属性；若仅通道名为空，则表示表示输入的属性为组属性；若组名和通道名输入都不为空，则表示输入的属性为通道的属性。TDMS 的写操作示例如图 6-8 所示，图中首先定义了文件的一些信息，比如创建时间和作者等，然后创建了一个组名为 Group1 的组，接着写入了两个信号，信号名分别为 Source Signal 和 Filtered Signal。

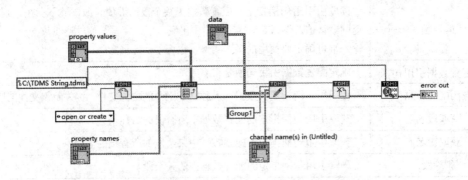

图 6-8　TDMS 写操作示例

　　此外，在写操作完毕后，我们调用了 TDMS File Viewer VI 函数，它会打开如图 6-9 所示的 TDMS 文件内容浏览器。在该浏览器中，不仅可以浏览所有的属性值，还能有选择地浏览数据；并且通过单击图中的 Settings 按钮可以打开数据配置对话框来输入显示数据的条件。

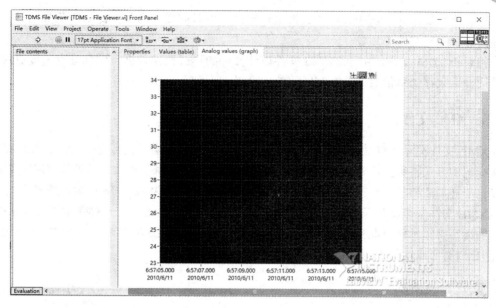

图 6-9 TDMS File Viewer

TDMS 文件的读操作示例如图 6-10 所示。在该程序中，读取名为 Filtered Signal 通道的第 100 个数据点开始的后 1000 个点的数据。

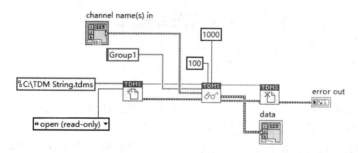

图 6-10 TDMS 文件的读操作示例

读取 TDMS 文件中的属性值和写入属性值的方法非常类似。若组名和通道名输入为空，则表示此时读出的属性为文件属性；若仅通道名为空，则表示读出的属性为组的属性；若组名和通道名输入都不为空，则表示读出的属性为通道的属性。TDMS 文件读取属性示例如图 6-11 所示。

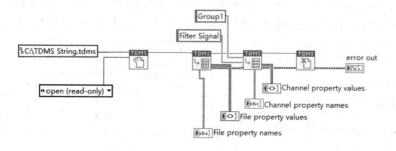

图 6-11 TDMS 文件读取属性示例

除了读写操作外，TDMS 函数面板上还提供了更多的操作函数，比如删除数据、改变属性内容、整理文件碎片等。

相对于 TDM 文件，由于 TDMS 文件以流文件的形式存储数据，因此读取速度更快，非常适合用来存储海量数据，在实时系统中会经常用到。

6.2.5 XML 文件

XML 文件实际上也是一种文本文件，但是它的输入可以是任何数据类型。它通过 XML 语法标记的方式将数据格式化，因此在写入 XML 文件之前需要将数据转换为 XML 文本。读取也一样，需要将读出的字符串按照给定的参考格式转换为 LabVIEW 数据格式。

XML 文件操作还是在 Functions Palette 的 Programming→String→XML 面板下。XML 文件的读写操作示例以及打开的 XML 文件分别如图 6-12 和图 6-13 所示。XML 文件可以通过 IE 浏览器或者外部文本编辑器编辑来改变其数据。

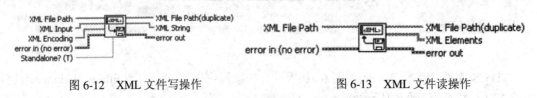

图 6-12　XML 文件写操作　　　　　　　图 6-13　XML 文件读操作

6.3　文件操作与管理

6.3.1　文本文件

文本文件是最便于使用和共享的文件格式，几乎适用于任何计算机。许多基于文本的程序可读取基于文本的文件。多数仪器控制应用程序使用文本字符串。

如需通过其他应用程序访问数据，如文字处理或电子表格应用程序，则可将数据存储在文本文件中。如需将数据存储在文本文件中，则使用字符串函数可将所有的数据转换为文本字符串。文本文件可包含不同数据类型的信息。

文本文件读写函数在 Functions Palette 中的位置为 Programming→File I/O→Write to Text File 和 Read from Test File，如图 6-14 和图 6-15 所示。若没有指定文件路径，则运行时会弹出一个文件选择对话框，文件选择对话框的标题由 prompt 输入。若用户取消了文件选择对话框，则会输出错误，同时 cancelled 输出为 TRUE。用鼠标右击函数图标，可以选择是否将 EOL(End Of Line)转换为与操作系统不相关的 EOL 字符，这样，文本文件在任何操作系统下显示都是一致的。对于读函数可以选择是否整行读出。

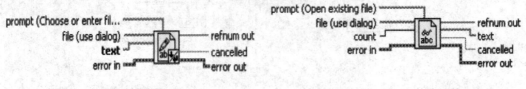

图 6-14　Text 文件写函数　　　　　　　图 6-15　Text 文件读函数

简单的 Text 文件读写函数示例如图 6-16 所示。

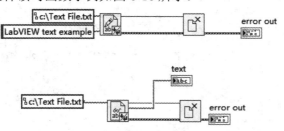

图 6-16　简单的 Text 文件读写函数示例

可以看出，只需要将字符串作为文件的输入就可以简单地将字符串写入文件，也可以把文件中的字符串读取出来。

利用 Set File Position 函数可以设定字符串的写入位置，如图 6-17 所示。

注意： 若文件位置不是 end，则新写入的字符会代替原有位置的字符，而不是插入新的字符串。

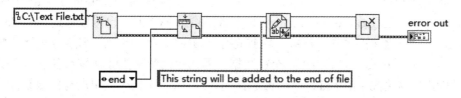

图 6-17　在 Text 文件末尾添加字符串

6.3.2　电子表格文件

表单文件用于将数组数据存储为电子表格文件，并可用 Excel 等电子表格软件查看。实际上电子表格文件也是文本文件，只是数据之间自动加入了 Tab 符或换行符。文本文件读写函数在 Functions Palette 中的位置为 Programming→File I/O→Write to Text File 和 Read from Text File，分别如图 6-18 和图 6-19 所示。

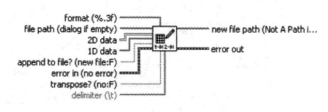

图 6-18　电子表格写函数

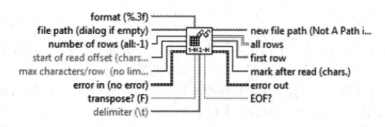

图 6-19　电子表格读函数

这两个函数的用法非常简单，其示例如图 6-20 所示。

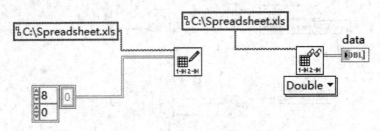

图 6-20　电子表格读写函数示例

6.3.3　二进制文件

二进制文件的数据输入可以是任何数据类型，比如数组和簇等复杂数据，但是在读出时必须给定参考，参考必须和写入时的数据格式完全一致，否则 LabVIEW 不知道如何将读出的数据"翻译"成写入时的格式。二进制文件读写函数在 Functions Palette 中的位置为 Programming→File I/O→Write Binary File 和 Read Binary File；也可以通过 Set File Position 函数设定新写入数据的位置，若写入多个数据，则这些数据的格式必须完全一致，如图 6-21 所示。示例中，在文件尾端写入一个簇数据，因此运行多次就可以写入多个簇，读出时将所有的簇以簇数组读出(Read Binary File 的 count 输入为-1 代表读出所有的数组)。

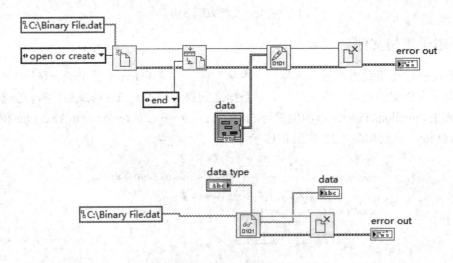

图 6-21　二进制文件读取函数示例

6.3.4　数据记录文件

数据记录文件实际上是一种二进制文件，输入的数据格式也可以是任何数据类型，其操作方法和二进制文件基本相同，只是增加了几个功能，通过这些功能可以设定或读取记录条数，这里不再赘述。数据记录文件操作函数在 Functions Palette 的 Programming→File I/O→Advanced File Functions→Datalog 面板下，如图 6-22 所示。与二进制文件不同的是，数据记录文件必须用它专用的操作函数。

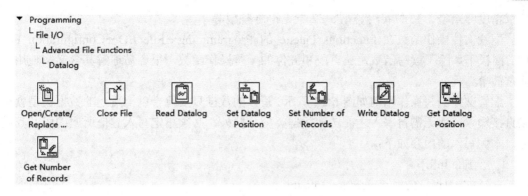

图 6-22 数据记录文件操作函数面板

6.3.5 测量文件

LVM 文件将动态类型数据按一定的格式存储在文本文件中。它会在数据前加上一些信息头，比如采集时间等，也可以用 Excel 等文本编辑器打开查看其内容。LVM 文件的读写函数只包括 Functions Palette 的 Programming→File I/O→Write To MeasurementFile 和 Read from Measurement File 这两个函数。在 Express VIs 面板下也有这两个函数，该函数不仅能够用来存储 LVM 文件，还能用来存储 TDM 文件和 TDMS 文件，使用方法也基本相同。LVM 文件的读写示例如图 6-23 所示。

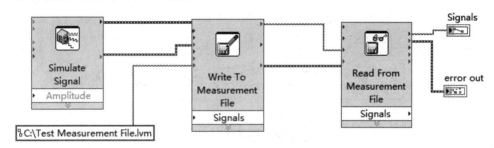

图 6-23 LVM 文件读写示例

6.3.6 配置文件

这里的配置文件就是标准的 Windows 配置文件(INI 文件)，它实际上也是一种文本文件。Windows 配置文件的格式如下：

[Section1]
Key1=value
Key2=value
[Section2]
key1=value
Key2=value

它将不同的部分分为段(Section)，用中括号将段名括起来表示一个段的开始，同一个INI 文件中的段名必须唯一。每一个段内部用键(Key)来表示数据项，同一段内键名必须唯一，但不同段之间的键名无关。键值所允许的数据类型为字符串型、路径型、布尔型、64

位双精度浮点型、32 位符号整型、32 位无符号整型等。

配置文件操作函数在 Functions Palette 的 Programming→File I/O→Configuration File VIs 面板下。除了读写函数，还有段和键位的一些操作函数，很容易理解其含义，使用也非常简单。

配置文件的写操作示例如图 6-24 所示。写入的数据只要符合以上所述的数据类型就可以直接输入，而无需再写入之前转换数据类型。此外，必须指定写入键值所属的段及其键名。本例写入的内容如下：

[File Info]
File Path=/C/Configuration File.ini
Autor=Walt Wang
[Device]
Device Name=USB-UART converter
Device Address=1

配置文件的读操作与写操作类似，但是必须指定读出数据的类型，一种办法是将输出数据类型作为默认输入，另一种是用鼠标右击函数图标并选择 Select Type 选项来确定输出数据的类型。读操作函数示例如图 6-25 所示。

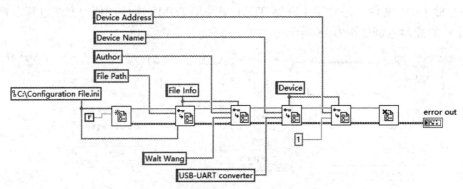

图 6-24　配置文件写操作示例

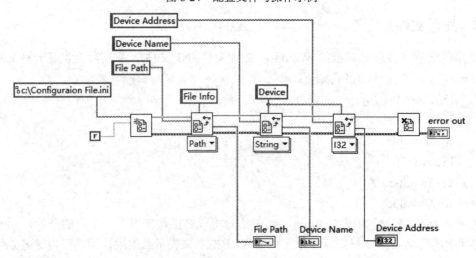

图 6-25　配置文件读操作示例

6.3.7　波形文件

波形文件专门用于存储波形数据类型，它将波形数据以一定的格式存储在二进制文件或表单文件中。

波形文件操作函数位于 Functions Palette 的 Programming→Waveform→Waveform I/O 面板下。它只有 3 个函数，使用也非常简单，如图 6-26 所示。该示例中，通过仿真信号发生函数产生 200 个通道的信号，将其存储在波形文件，然后将其读出，最后再将波形数据导入表单文件。

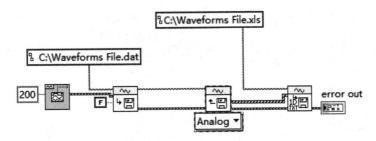

图 6-26　波形文件操作函数示例

6.3.8　前面板数据记录

每次 VI 运行时，前面板数据记录会将前面板中的数据保存到一个单独的数据记录文件中。前面板数据记录为二进制格式文件，可通过以下方式获取数据：

(1) 使用与记录数据相同的 VI 通过交互方式获取数据。

(2) 将该 VI 作为子 VI 通过编程获取数据。

(3) "文件 I/O" VI 和函数可获取数据。

每个 VI 都有一个记录文件绑定，该绑定包含 LabVIEW 用于保存前面板中的数据记录文件的位置。记录文件绑定是 VI 和记录该 VI 数据的数据记录文件之间联系的桥梁。

综 合 实 训

通过本章的学习，希望学生可以独立地完成本章开头所提出的任务。

用 LabVIEW 编写一个程序，具体操作如下：

(1) 建立一个名称为"Text File.txt"的文件。

(2) 对此文件进行写入字符串操作，即写入"LabVIEW Test File I/O Create/Read/Write！"。

(3) 把写入的字符串从文件中读取到前面板并显示。

(4) 可以把字符串"Add new string to the end of file"写入到文件末尾。

(5) 建立一个名称为"Format File.txt"的文件。

(6) 写入常数值"a=5.52，b=7，c=8"。

(7) 格式化写入的这些常数数值：a 保留小数点后 6 位，b 保留小数点后两位，c 是整数。

(8) 把写入的读取到前面板。

首先要先确认任务中要实现的主要功能包括：Text 文件的建立，Text 文件的写入，Text 文件的读取，数值常数的格式化，数值常数的读取，Text 文件的末尾写入。

前面板的设计：写入按钮，读取按钮，格式化常数到 Text 文件按钮，从 Text 文件读取常数按钮。

1. Text 文件字符串末尾写入按钮

前面板如图 6-27 所示。

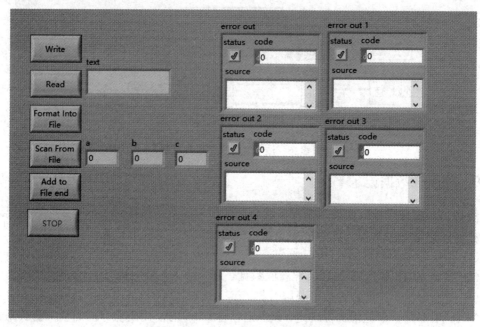

图 6-27 Text 示例前面板

2. 程序框图设计

(1) Write button(写入按钮)功能设计框图如图 6-28 所示。

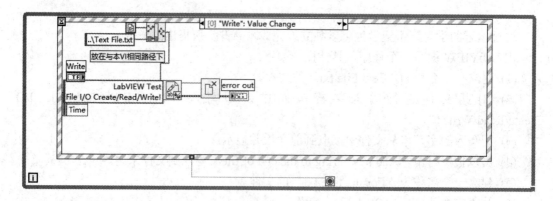

图 6-28 Write button 功能设计框图

(2) Read button(读取按钮)功能设计框图如图 6-29 所示。

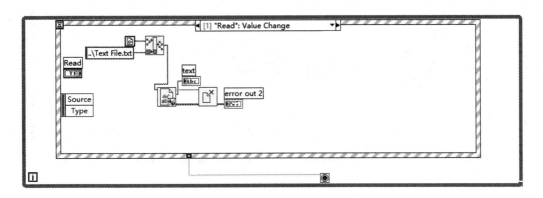

图 6-29　Read button 功能设计框图

(3) Format Into File button(格式化写入文件按钮)功能设计框图如图 6-30 所示。

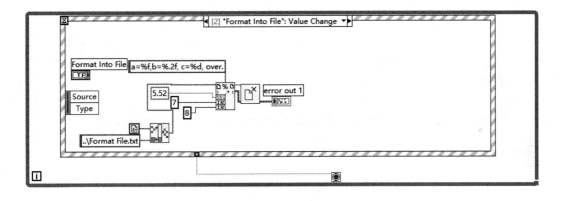

图 6-30　Format Into File button 功能设计框图

(4) Scan From File button(扫描文件按钮)功能设计框图如图 6-31 所示。

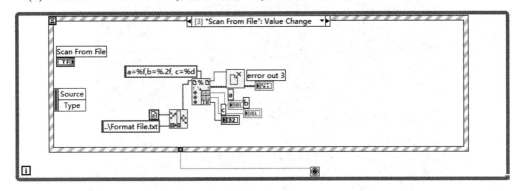

图 6-31　Scan Form File button 功能设计框图

(5) Add to File End button(添加到文件按钮)功能设计框图如图 6-32 所示。

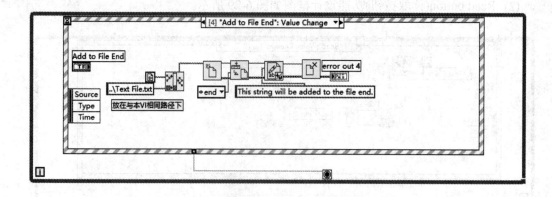

图 6-32　Add to File button 功能设计框图

(6) Stop button(停止按钮)功能设计框图如图 6-33 所示。

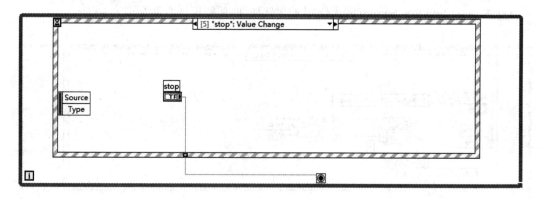

图 6-33　Stop button 功能设计框图

3. 程序运行结果

(1) 前面板如图 6-34 所示。

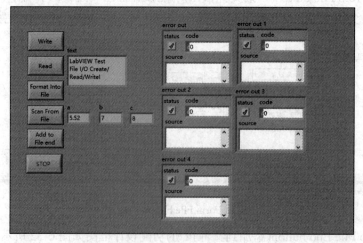

图 6-34　前面板运行图

(2) Text File 如图 6-35 所示。

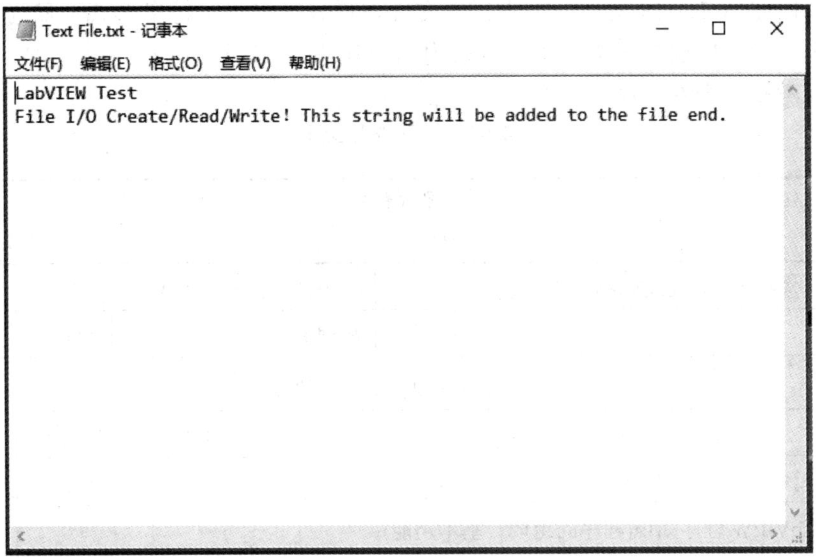

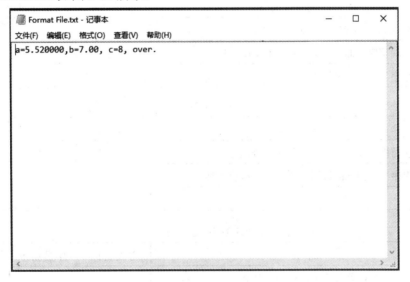

图 6-35 Text File 图

(3) Format File 如图 6-36 所示。

图 6-36 Format File 图

小　结

　　本章详细地介绍了 LabVIEW 支持的所有文件类型及其操作方法。通过这些丰富的文件类型函数，可以让大型的测试系统有很好的交互性。系统的一些初始化信息可以写在配置文件中，而复杂格式的配置文件则可以使用二进制文件或 XML 文件。对于采集到的数据，如果数据量不大而且通道数较少，则可以采用 LVM 文件；如果数据量庞大或通道数较多，则可以使用 TDMS 文件。对于日志文件，最好直接以字符串形式存储为文本文件；而对于报表，则可以选择直接打印或者采用 HTML 格式输出。

评价与考核如表 6-4 所示。

表 6-4　评价与考核

【评估表】				
系部：　　　　　　　　　　班级：　　　　　　　　　　日期：				
学习领域：虚拟仪器与 LabVIEW 编程技术		学习情境：文件 I/O		
学员名单：		授课教师：		总得分：
工作任务 1：项目实施前的准备				
序号	测 评 项 目	学员自评	学员互评	教师打分
1	计算机的基本操作(打开、保存、关闭)			
2	LabVIEW 程序知识(程序的组成、基本功能)			
3	计算机功能检测(正常工作、故障判断)			
工作任务 2：启动计算机				
序号	测 评 项 目	学员自评	学员互评	教师打分
1	调入 LabVIEW 软件(软件调用操作步骤)			
2	启动程序界面 (启动界面基本操作步骤)			
3	程序界面的基本操作 (程序界面的操作步骤)			
工作任务 3：编程				
序号	测 评 项 目	学员自评	学员互评	教师打分
1	前面板图标的调用及放置布局合理性			
2	程序框图图标的调用及放置、连线合理性			
3				
工作任务 4：运行与分析				
序号	测 评 项 目	学员自评	学员互评	教师打分
1	前面板参数输入正确、错误的判断			
2	判断运行结果			
3	对程序的修改及运行、分析原因、解决方法			
工作任务 5：提交数据和报告				
序号	测 评 项 目	学员自评	学员互评	教师打分
1	填写实训报告			
2	打印编程序(前面板、程序框图)、存档			

习　题

1. 文件类型都包括哪些？

2. 文本文件和二进制文件的主要区别是什么？

3. 波形文件的作用是什么？

4. 配置文件的作用是什么？

5. 如果数据量庞大或者通道数较多并需要很好的管理，则需要用什么文件最合适？

6. 编程实现：编写程序，把接收到的字符串存储到文本文件中，并且每次新接收到的文件都存储在文件的末尾。

第 7 章　数据采集与信号处理

学习目标

1. 任务说明

本章将学习图形化编程(Graphical Programming)与数学分析(Mathematical Analysis)。任何的编程都离不开数学分析，本章将详细讲解 LabVIEW 中几种数学分析的方法。学习完数学分析方法后，我们将继续学习数字信号处理，包括如何产生信号，如何对信号进行调理，如何使用滤波器。最后，我们将学习 LabVIEW 中数据采集及仪器控制，包括 LabVIEW 中常用的数据采集设备及采集方法。

2. 知识能力要求

1) 知识要求

(1) 理解数学分析的目的。

(2) 掌握数学分析函数。

(3) 理解不同数学分析函数的用途。

(4) 掌握信号处理函数。

(5) 理解不同信号处理函数的区别和用途。

(6) 掌握数据采集系统的构成。

2) 能力要求

(1) 能够运用不同的数学分析方法解决问题。

(2) 能够运用不同的信号处理函数实现功能。

(3) 能够合理利用滤波函数完成信号处理。

(4) 能够熟练地运用数据采集设备。

7.1　数据采集基础

数据采集系统的任务，就是采集传感器(Sensor)输出的模拟信号(Analog Signal)或者数字信号(Digital Signal)，并转换成计算机能识别的数字信号，然后送入计算机进行相应的计算和处理，得出所需的数据。与此同时，将计算机得到的数据进行显示和打印，一并实现对某些物理量的计时，其中一部分数据还将被生产过程中的计算机控制系统用来控制某些物理量。数据采集系统的好坏主要取决于它的精度和速度。

一个完整的数据采集系统包括传感器或变换器、信号调理设备、数据采集和分析硬件、计算机、驱动程序和应用程序等。当然，很多设备制造商已经把传感器、信号调理设备甚至数据采集卡集成为标准的设备，这种情况下用户不再需要考虑传感器、信号调理设备和数据采集卡，而只需要考虑如何与硬件设备通信以及如何开发上层应用程序。比如，有些厂商已经把温度传感器、信号调理设备和数据采集硬件集成为一个温度采集模块(Temperature Acquisition Module)，用户需要做的就是直接通过标准的 RS232 口就可以向模块发送读数命令读回数字化的温度数据。

7.1.1 信号类型

信号类型包括模拟信号和数字信号。

其中，模拟信号包括直流(DC)信号、时域信号和频域信号；数字信号包括通断和脉冲序列两种类型。

这 5 种信号并不相互排斥，它只是电信号的 5 种测量角度而已。对同一信号可以采用多种测量方式。

信号的产生：传感器感应物理信息并生成可测量的电信号。例如，热电偶、电阻式测温计、热敏电阻和 IC 传感器可以把温度转变为 ADC 可测量的模拟信号。其他例子包含应力计、流速传感器、压力传感器等，它们可以相应地测量应力、流速或压力。在所有这些情况下，传感器可以生成和它们所测量的物理量呈比例的电信号。

从传感器得到的信号可能会很微弱，或者含有大量噪声，或者是非线性的等，这种信号在进入采集卡之前必须经过信号调理。信号调理的方法主要包括放大、衰减、隔离、多路复用、滤波、激励、线性化和数字信号调理等。

1. 放大

放大器可以提高输入信号电平以更好地匹配 ADC 的输入范围，从而提高测量精度和灵敏度。此外，使用放置在更接近信号源或转换器的外部信号调理装置，可以通过在信号被环境噪声影响之前提高信号电平，从而提高测量的信号–噪声比。

2. 衰减

衰减即与放大相反的过程，它在电压超过数字化仪输入范围时是十分必要的。这种形式的信号调理降低了输入信号的幅度，从而使得经调理的信号处于 ADC 范围之内。

3. 隔离

隔离的信号调理设备通过使用变压器、光或电容性的耦合技术，无需物理连接即可将信号从它的源传输至测量设备。除了切断接地回路之外，隔离也阻隔了高电压浪涌，以及较高的共模电压，从而既保护了操作人员也保护了昂贵的测试设备。

4. 多路复用

通过多路复用技术，一个测量系统可以不间断地将多路信号传输至一个单一的数字化仪，从而提供了一种节省成本的方式来极大地扩大系统通道数量。多路复用对于任何高通道数的应用都是十分必要的。

5. 滤波

滤波器在一定的频率范围内可以去除不希望的噪声。几乎所有的数据采集应用都会受到一定程度的 50 Hz 或 60 Hz 的噪声。大部分信号调理装置都包括了为最大程度上抑制 50 Hz 或 60 Hz 噪声而专门设计的低通滤波器。

6. 激励

激励对于一些转换器是必需的。例如，应变计、电热调节器和 RTD 需要外部电压或电流激励信号。通过 RTD 和电热调节器测量都是使用一个电流源来完成的，这个电流源将电阻的变化转换成一个可测量的电压。应变计是一种超低电阻的设备。通常利用一个电压激励源来用于惠斯登电桥配置。

7. 线性化

许多传感器感应的电信号和物理量之间并不是呈线性关系，因而需要对其输出信号进行线性化以补偿传感器带来的误差。NI 的 NI-DAQ、LabVIEW、Measurement Studio 和 VisualBench 等应用软件包都包含了应用于热电偶、压力计和 RTD 的线性化功能。

8. 数字信号调理

数字信号在某些情况下也必须经过调理才能进入 DAQ 卡。比如，不能将工业环境中的数字信号直接接入 DAQ 卡，接入之前必须经过隔离来防止可能的高压放电或者经过削减来调整电平以适应 DAQ 卡的输入要求。

NI 也提供了丰富的信号调理设备，比如 SCXI、SCC、SC 系列，即插即用传感器测量设备和 5B 系列等。

7.1.2　数据采集设备

通过数字信号调理后的信号就可以与数据采集设备连接了。通常情况下，数据采集设备是一个数据采集卡，与计算机的连接可以采用多种方式。NI 的数据采集设备支持的总线类型包括 PCI、PCI Express、PXI、PCMCIA、USB、CompactFlash、Ethernet 等各种总线。

7.2　数据采集卡

7.2.1　数据采集卡的功能

数据采集卡的功能包括模拟输入、模拟输出、触发采集、数字 I/O 和定时 I/O。

1. 模拟输入

模拟输入主要考虑的基本参数包括通道数、采样速率、分辨率和输入范围等。

通道数：对于采用单端和差分两种输入方式的设备，模拟输入通道数可以分为单端输入通道数和差分输入通道数。在单端输入中，输入信号均以共同的地线为基准。这种输入方法主要应用于输入信号电压较高(高于 1 V)，信号源到模拟输入硬件的导线较短且所有的输入信号共用一个基准地线。如果信号达不到这些标准，此时应该用差分输入。对于差分输入，每一个输入信号都有自由的基准地线，由于共模噪声可以被导线所消除，从而减小了噪声误差。

采样速率：决定了每秒钟模数转换的次数。一个高采样速率可以在给定时间下采集更多数据，因此能更好地反映原始信号。

分辨率：被模数转换器用来表示模拟信号的位数。分辨率越高，信号范围被分割成的区间数目越多，因此，能探测到的电压变量就越小。

输入范围：是 ADC 可以量化的最小和最大值的电压。NI 公司的多功能数据采集设备能对量里程方位进行选择，可以在不同输入电压范围下进行配置。由于具有这种灵活性，因此可以使信号的范围匹配 ADC 的输入范围，从而充分利用测量的分辨率。

此外，评估数据采集产品时，还需要考虑微分非线性度、相对精度、仪器用放大器的稳定时间和噪声等。

2. 模拟输出

模拟输出，经常被用来为数据采集系统提供激励源。数模转换器(DAC)的一些技术指标决定了所产生输出信号的质量。这些技术指标包括稳定时间、转换速率和输出分辨率。

稳定时间：是指输出达到规定精度时所需要的时间。稳定时间通常由电压上的满量程变化来规定。

转换速率：是指数模转换器所产生的输出信号的最大变化速率。稳定时间和转换速率一起决定模数转换器改变输出信号值的速率。因此，一个数模转换器在一个小的稳定时间和一个高的转换速率下可产生高频率的信号。这是因为输出信号精度的改变至一个新的电压值这一过程需要的时间极短。

输出分辨率：与输入分辨率类似，它是产生模拟输出的数字码的位数。较大的位数可以缩小输出电压增量的量值，因此可以产生更平滑的变化信号。对于要求动态范围宽、增量小的模拟输出应用，需要有高分辨率的电压输出。

3. 触发采集

许多数据采集的应用过程需要基于一个外部事件来启动或停止一个数据采集的工作。数字触发使用外部数字脉冲来同步采集与电压生成。模拟触发主要用于模拟输入操作，当一个输入信号达到一个指定模拟电压值时，根据相应的变化方向来启动或停止数据采集的操作。

NI 公司为数据采集产品开发了 RTSI 总线。RTSI 总线使用一种定制的门阵列和一条代行电缆，能在一块数据采集卡上的多个功能之间或者两块甚至多块数据采集卡之间发送定时和触发信号。通过 RTSI 总线，可以同步模数转换、数模转换、数字输入、数字输出和计数器/计时器的操作。例如，通过 RTSI 总线，两个输入板卡可以同时采集数据，同时第三个设备可以与该采样率同步地产生波形输出。

4. 数字 I/O

数字 I/O 接口经常被用来控制过程、产生测试波形、与外围设备进行通信。在每一种情况下，最重要的参数有可应用的数字线的数目、在这些通路上能接收和提供数字数据的速率、通路的驱动能力。如果数字线被用来控制事件，比如打开或关掉加热器、电动机或灯，由于这些设备并不能很快地响应，因此通常不采用高速输入/输出。

一个常见的数字 I/O 应用是传送计算机和设备之间的数据，这些设备包括数据记录器、数据处理器以及打印机。

5. 定时 I/O

计数器/定时器在许多应用中具有很重要的作用，包括对数字事件产生次数的计数、数字脉冲计时以及产生方波和脉冲。

应用一个计数器/定时器时，最重要的指标是分辨率和时钟频率。分辨率是计数器所应用的位数。简单地说，越高的分辨率意味着计数器可以计数的位数越高。时钟频率越高，计数器递增得越快，因此对于输入可探测的信号频率越高，对于输出则可产生更高频率的方波形。在 NI 的 E 系列数据设备中，就采用了 DAQ-STC 计数器/定时器，其频率始终为 20 MHz，共有 16 个 24 位计数器。在 NI660x 计数器/计时器设备中，所用的 NI-TIO 计数器/定时器最高时钟频率为 80 MHz，共有 8 个 32 位计数器。

7.2.2　数据采集卡的设置与测试

NI-DAQ 是 LabVIEW 的 DAQ 软件，它包括支持 200 多种数据采集设备的驱动，并提供相应的 VI 函数。此外，它还包括 Measurement & Automation Explorer(MAX)、数据采集助理(DAQ Assistant)以及 VI Logger 数据记录软件。通过这些工具并结合 LabVIEW 可以节省大量的系统配置开发和数据记录时间。

NI-DAQmx 测量服务软件除了具备数据采集(DAQ)驱动的基本功能之外，还具备更高的工作效率、更多的性能优势。NI 正是凭借这一点，得以在虚拟仪器技术领域以及基于计算机技术的数据采集方面保持行业领先地位。配合 NI-DAQmx 支持的各种 NI DAQ 板卡，它还能提供以下特性。

(1) 对所有多功能数据采集(DAQ)，硬件都用同一简单的编程界面，编写模拟输入、模拟输出、数字 I/O 及计数器程序。

(2) 使用多线程并且经过优化的单点 I/O 功能，运行速度可以提高 1000 倍。

(3) 在各种编程环境如 LabVIEW、LabWindows/CVI、Visual Studio.net 和 C/C++中用的是同样的 VI 程序或函数。

7.3　信号的分析与处理

LabVIEW 作为自动化测试、测量领域的专业软件，其内部继承了 600 多个分析函数，用于信号生成、频率分析、概率、统计、数学运算、曲线拟合、插值、数字信号处理等各种数据分析应用。此外，LabVIEW 还提供了附加工具软件专业应用于某些信号处理应用中，如声音与振动及其视觉、RF/通信测量、瞬态/短时持续信号分析等。

LabVIEW 特别加强了数学分析与信号处理能力。除了增强的数学函数库，它还极大地增强了 MathScript 的功能和性能。MathScript 是一个面向数学的文本编程语言，带有交互式的、可编程的接口。通过 MathScript，喜欢文本编程的用户可以在 LabVIEW 中编写并执行 MATLAB 式的文本代码并能与图形化编程完美结合。新的 MathScript 包含了 600 多个数学分析与信号处理函数，并增加和增强了分析的功能。此外，LabVIEW 还能与 MATLAB 联合编程，从而实现更为强大的数学功能。

7.3.1 数学分析

1. 图形化编程与数学分析

LabVIEW 作为图形化开发语言，与传统的文本编程语言有很大区别。LabVIEW 封装了大量的数学函数致力于数学分析，并提供了基于文本编程语言的公式节点和 MathScript。通过这些封装好的 VI 函数并结合公式节点或 MathScript，程序框图可以非常简洁，用户可以把精力放在所需要解决的问题上而不必再担心数学算法。

LabVIEW 由于采取了图形化编程和文本编程结合的方式，它比单纯的文本编程语言具有更大的优势。此外，由于 LabVIEW 能方便地与各种数据采集设备直接连接，用户可以直接将采集的数据进行数学分析，这就是 LabVIEW 的巨大优势之一。

LabVIEW 提供的数学分析 VI 函数位于 Functions Palette 的 Mathematics 面板下，如图 7-1 所示。

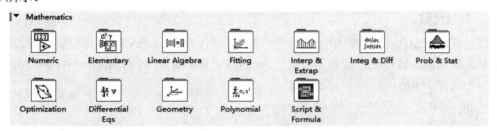

图 7-1 数学分析 VI 函数面板

按不同的数学功能，数学分析 VI 函数库被分为 12 个子模板，其中 11 个子模板如表 7-1 所示。

表 7-1 数学分析 VI 函数子面板列表

名　称	描　述
Numeric	最基本的数学操作，例如加减乘除、类型转换和数据操作等
Elementary & Special Functions	一些常用的数学函数，例如正余弦函数、指数函数、双曲线函数、离散函数和贝塞尔函数等
Linear Algebra	线性代数，主要是矩阵操作的相关函数
Fitting	曲线拟合和回归分析
Interpolation & Extrapolation	一维和二维的插值函数，包括分段插值、多项式插值和傅里叶插值
Integration & Differentiation	数值积分与数值微分函数
Probability & Statistics	概率与统计
Optimization	最优化
Differential Equations	解常微分方程
Geometry	空间解析几何
Script & Formulas	脚本节点和公式解析

2. 基本数学函数

Functions Palette 的 Mathematics→Elementary&Special Functions 面板下包含了大部分的

基本数学函数，如图 7-2 所示。

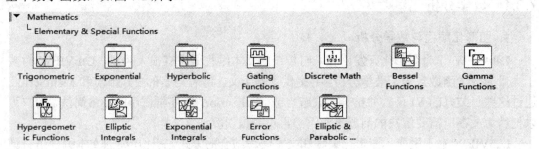

图 7-2　基本数学函数面板

　　该面板将常用的数学函数分为 12 类：三角函数、指数函数、双曲线函数、门函数、离散数学函数、贝塞尔函数、超几何分布函数、椭圆积分、指数函数、误差函数和椭圆抛物函数。

3. 线性代数

　　线性代数在现代工程和科学领域中有广泛的应用，因此 LabVIEW 也提供了强大的线性代数运算功能。线性代数函数面板位于 Functions Palette 的 Mathematics→Liner Algebra 面板下，如图 7-3 所示。

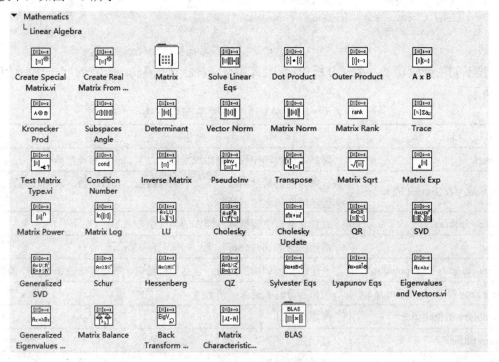

图 7-3　线性代数函数面板

4. 曲线拟合

　　曲线拟合在分析实验数据时非常有用，它可以从大量的离散数据中抽取出内部规律。LabVIEW 包含了大量的曲线拟合函数以满足不同的拟合需要，其中不仅包括二维曲线拟合，还包括三维曲线拟合。曲线拟合函数面板位于 Functions Palette 的 Mathematics→Fitting

面板下，如图 7-4 所示。

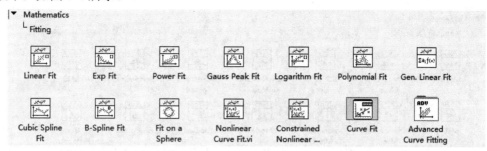

图 7-4　曲线拟合函数面板

5. 插值

插值是在离散数据之间补充一些数据，使这组离散数据能够符合某个连续函数。插值是计算数学中最基本和最常用的手段，是函数逼近理论中的重要方法。利用它可以通过函数在有限点处的取值情况估算该函数在别处的值，即通过有限的数据得出完整的数学描述。

LabVIEW 提供了多个插值函数：一维插值、二维插值、样条插值、多项式插值、分时插值和一维傅里叶插值。所有函数均可以进行内插或外插。插值函数面板位于 Functions Palette 的 Mathematics→Interpolation & Extrapolation 面板下，如图 7-5 所示。

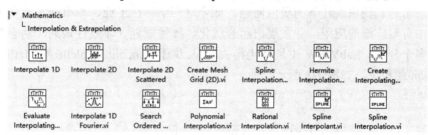

图 7-5　插值函数面板

6. 数值积分与数值微分

数值积分与数值微分相对简单，这些函数位于 Functions Palette 的 Mathematics→Integration & Differentiation 面板下，如图 7-6 所示。

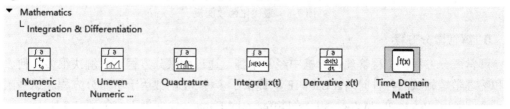

图 7-6　数值积分与数值微分函数面板

7. 概率与统计函数

概率论和数理统计是研究和解释随机现象统计规律的一门数学学科。随机性的普遍存在使人们发展出了多种数学方法用于揭示其内部规律。随着电子计算机的出现，计算机大批量、高速处理数据的能力使大量的数据分析成为可能。LabVIEW 也提供了大量的概率与统计函数。这些函数位于 Functions Palette 的 Mathematics→Probability & Statistics 面板下，如图 7-7 所示。

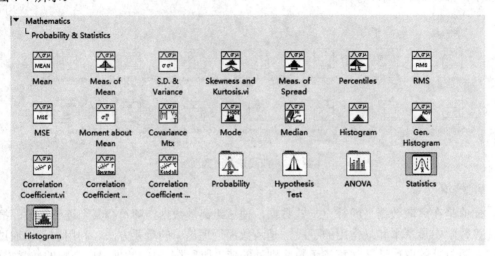

图 7-7 概率与统计函数面板

8. 最优化

最优化是一门古老而又年轻的学科，它的起源可以追溯到法国数学家拉格朗日关于一个函数在一组等式约束条件下的极值问题。如今这门学科在工业、军事技术和管理科学等各个领域中有着广泛的应用，并发展出组合优化、线性规划、非线性规划、动态控制和最优控制等多个分支。LabVIEW 中最优化相关的 VI 位于 Functions Palette 的 Mathematics→Optimization 面板下，如图 7-8 所示。

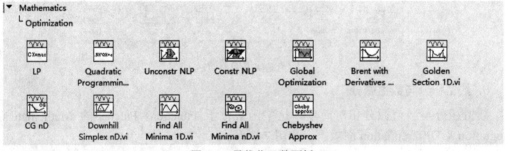

图 7-8 最优化函数面板

9. 解常微分方程

解常微分方程在工程管理计算机中经常用到，通过解微分方程可以解决很多几何、力学和物理学等领域的各种问题。LabVIEW 提供了多种 VI 函数用于解微分方程。这些函数位于 Functions Palette 的 Mathematics→Differential Equations 面板下，如图 7-9 所示。

图 7-9 解常微分方程函数面板

10. 空间解析几何

在工程计算中，经常需要对空间几何进行坐标或角度变换。LabVIEW 提供了现成的函数用于几何坐标或角度的变换。这些函数位于 Functions Palette 的 Mathematics→Geometry 面板下，如图 7-10 所示。

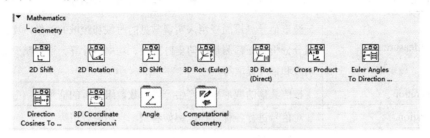

图 7-10　空间解析几何函数面板

11. 公式解析

前面所述的内容均为数值计算，其中数学计算的公式是确定的，即在程序运行过程中数学运算的公式是不可改变的。在很多情况下，我们还希望在程序运行过程中根据实际情况更改计算公式，这时的输入可以是一个字符串公式。这就需要用到 LabVIEW 的公式解析函数对输入的字符串公式进行解析计算。对字符串公式进行解析计算的函数位于 Functions Palette 的 Mathematics→Scripts & Formulas 面板下，如图 7-11 所示。

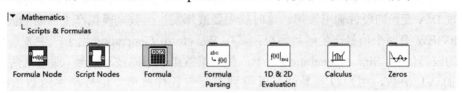

图 7-11　脚本节点和公式解析函数面板

7.3.2　数字信号的处理

作为自动化测量领域的专业软件，数字信号处理是 LabVIEW 的重要组成部分之一。高效、灵活、强大的数字信号处理功能也是 LabVIEW 的重要优势之一。它将信号处理所需要的各种功能封装为一个个的 VI 函数，用户利用这些现成的信号处理 VI 函数就可以迅速地实现所需功能，而无需再为复杂的数字信号处理算法花费精力。

LabVIEW 将信号处理函数按功能划分为 10 个子模板，它们在 Functions Palette 的 Signal Processing 面板下，如图 7-12 所示。这 10 个子模板所包含的 VI 函数的描述如表 7-2 所示。

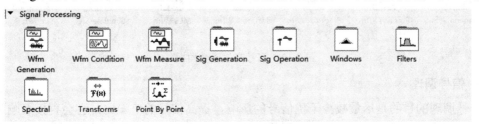

图 7-12　数字信号处理函数面板

表 7-2　信号处理子面板列表

名　称	描　述
Waveform Generation	通过该 VI 函数面板可以产生各种不同类型的波形信号
Waveform Conditioning	用于波形信号的数字滤波和窗函数等信号调理
Waveform Measurements	波形信号测量面板用来实现常见的时域和频域的测量，比如直流交流成分分析、振幅测量、傅里叶变换、功率谱计算、谐波畸变分析、频率响应和信号提取等
Signal Generation	按照具体的波形模式产生一维实数数组表示的信号
Signal Operation	对信号进行各种操作，例如卷积、自相关分析等
Windows	窗函数分析
Filters	实现 IIR、FIR 和非线性滤波
Spectral Analysis	实现基于数组的谱分析
Transforms	信号处理中各种常见的变化函数
Point By Point	逐点分析函数库

1. 信号产生

在很多情况下，需要在没有硬件时对系统进行仿真或验证系统是否正确，有时可能还需要通过 D/A 变换向硬件输出波形。这时就需要波形发生函数来模拟产生需要的波形。

LabVIEW 有两个信号产生函数面板，其中 Waveform Generation 用于产生波形数据类型表示的波形信号，Signal Generation 用于产生一维数组表示的波形信号。通过这两个函数面板上的 VI 函数，用户很容易就可以得到需要的各种波形。信号产生函数面板位于 Functions Palette 的 Signal Processing→Waveform Generation 面板下，如图 7-13 所示。

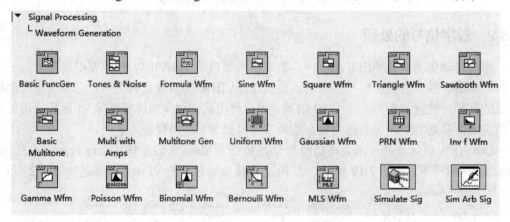

图 7-13　信号产生函数面板

2. 信号调理

信号调理的目的是尽量减少干扰信号的影响，提高信号的信噪比，它会直接影响到分析结果。因此，一般来说它是信号分析前需要的必要步骤。常用的信号调理方法有滤波、放大和加窗等。信号调理函数面板位于 Functions Palette 的 Signal Processing→Waveform Conditioning 面板下，如图 7-14 所示。

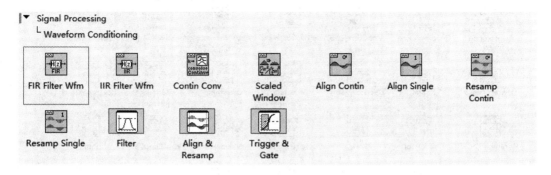

图 7-14　信号调理函数面板

3. 波形测量

波形测量函数面板提供的 VI 函数用于对波形的各种信息进行测量，比如直流交流分析、振幅测量、脉冲测量、傅里叶变换、功率谱测量、谐波畸变分析、过渡分析、频率响应等。波形测量函数面板在 Functions Palette 中的位置为 Signal Processing→Waveform Measurements，如图 7-15 所示。

其中，Waveform Monitoring 子面板下还包含了数个波形检测函数。这些函数用于波形便捷检测、触发检测和尖峰捕获。

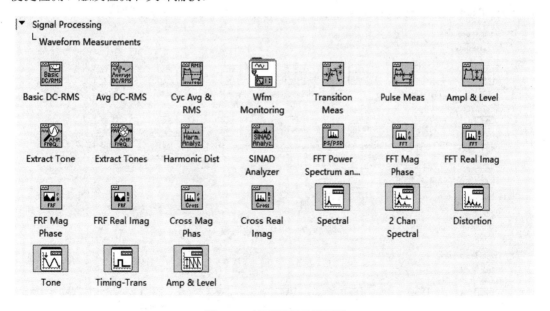

图 7-15　波形测量函数面板

4. 时域分析

时域分析函数位于 Functions Palette 的 Signal Processing→Signal Operation 面板下，如图 7-16 所示。该函数面板提供的分析函数有直流交流成分检测、卷积、逆卷积、相关分析、微分、积分、尖峰捕捉、门限检测和过渡分析等。

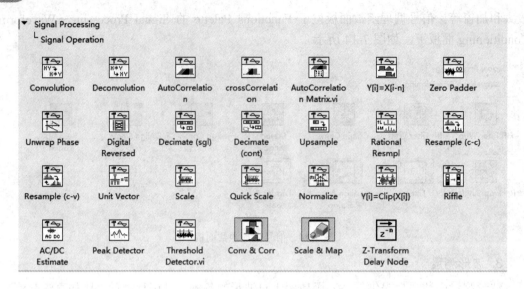

图 7-16 时域分析函数面板

5. 频域分析

频域分析函数被划分为两个面板：一个是 Transforms 面板，该面板实现的函数功能主要有傅里叶变换、Hibert 变换、小波变换、拉普拉斯变换等；另一个是 Spectral Analysis 面板，该面板所包含的函数主要包括功率谱分析、联合时频分析等。这两个函数面板均位于 Functions Palette 的 Signal Processing 面板下，分别如图 7-17 和图 7-18 所示。

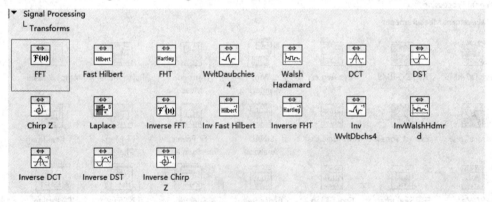

图 7-17 变换函数面板

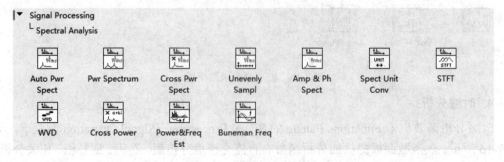

图 7-18 谱分析函数面板

频域分析是数字信号处理中最常用、最重要的方法。

6. 窗函数

窗函数的作用是截断信号、减少谱泄漏和用于分离频率相近的大幅值信号和小幅值信号。在实际测量中，采样长度是有限的。当使用 DFT 或 FFT 分析信号频谱时，算法将假设采样信号为周期信号，第一个周期即采样信号，整个信号则是采样信号的周期复制。周期与周期之间信号是不连续的，这将造成"谱泄漏"现象，即好像某一频率的能量泄漏到了其他频率。

解决谱泄漏问题的一种方法是无限延长采样周期，这样 FFT 就能算出正确的频谱，但这肯定是不现实的。另一种解决办法就是加窗。谱泄漏的能量取决于周期延时突变的幅度，跳跃越大，谱泄漏越大。加窗就是将原始采样波形乘以幅度变化平滑且边缘趋零的有限长度的窗来减小每个周期边缘处的突变。

LabVIEW 提供了多种窗函数，包括 Hanning 窗、Hamming 窗、Blackman 窗、Triangle 窗、Flap Top 窗、Kaiser-Bessel 窗、General Cosine 窗、Cosine Tapered 窗、Force 窗、Exponential 窗、Bohman 窗、Parzen 窗和 Welch 窗等。对一个数据序列加窗时，LabVIEW 认为此序列即时信号截断后的序列，因此窗函数输出的序列与输入序列的长度相等。窗函数面板在 Functions Palette 中的位置为 Signal Processing→Windows，如图 7-19 所示。

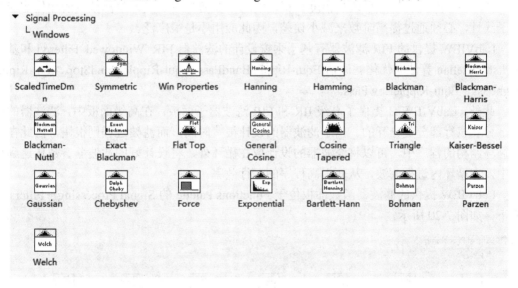

图 7-19   窗函数面板

7. 数字滤波器

滤波器的作用是对信号进行筛选，只让特定频段的信号通过，滤波器分为模拟滤波器和数字滤波器。传统模拟滤波器的输入与输出都是连续的，而数字滤波器的输入与输出都是离散时间信号。本书只讨论数字滤波器的实现。数字滤波器具有如下好处：

(1) 软件可编程，因此易于搭建和测试。

(2) 只需要加、减、乘、除中基本数学操作。

(3) 不随外界环境条件变化而漂移，也不会老化。

(4) 有非常高的性价比。

根据冲激响应，可以将滤波器分为有限冲激响应(FIR)滤波器和无限冲激响应(IIR)滤波器。对于 FIR 滤波器，冲激响应在有限时间内衰减为零，其输出仅取决于当前和过去的输入信号值；对于 IIR 滤波器，冲激响应会无限持续，输出取决于当前及过去的输入信号值和过去输出的值。在实际应用中，稳定的 IIR 滤波器的冲激响应会在有限时间内衰减到接近于零的程度。IIR 滤波器的缺点是相位响应非线性。在对线性相位响应有要求的情况下，则应当使用 FIR 滤波器。

LabVIEW 提供的 IIR 滤波器类型有 Butterworth、Chebyshev、Inverse Chebyshev、Elloptic 和 Bassel。它们都有各自的特点，用途不尽相同。

(1) Butterworth 在所有频率上提供平滑的响应，但是过渡带下降较为缓慢，陡峭程度同阶数成正比。

(2) Chebyshev 在通带中是等幅的纹波，阻带中单调衰减，过渡迅速。

(3) Inverse Chebyshev 也称 Chebyshev II 型滤波器，它与 Chebyshev 类似，不同的是 Chevyshev II 型滤波器将误差分散到阻带中，而且拥有最平稳的通带。

(4) Elliptic 椭圆滤波器将峰值误差分散到通带和阻带中，与 Butterworth 和 Chebyshev 相比具有更陡峭的过渡带，因此椭圆滤波器的应用非常广泛。

(5) Bessel 具有最为平坦的幅度和相位响应。在通带中，贝塞尔滤波器的相位响应近似于线性，必须通过提高阶数来减小误差，因此应用不是很广泛。

LabVIEW 提供的 FIR 滤波器有基于乘窗设计的滤波器 FIR Windowed Filter.vi 和基于 ParksMcClellan 算法的优化滤波器 Equi-Ripple BandPass、Equi-Ripple BandStop、Equi-Ripple HighPass、Equi-RippleLowPass。

此外，LabVIEW 还提供了高级 IIR 和 FIR 滤波器子面板。在高级面板中，滤波器的设计部分和执行部分是分开的。由于滤波器的设计很费时间，而滤波过程则很快，因此在含有循环结构的程序中，可以将滤波器的设计放在循环外，将设计好的滤波器参数传递到循环中，在循环内进行滤波，从而提高程序的运行效率。

LabVIEW 提供的滤波器函数面板位于 Functions Palette 的 Signal Processing→Filters 面板下，如图 7-20 所示。

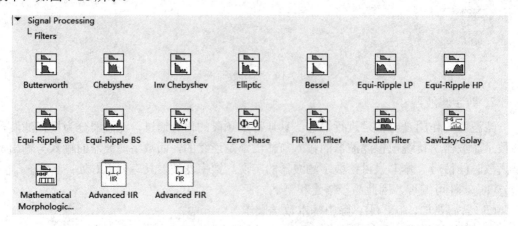

图 7-20　滤波器函数面板

8. 逐点分析库

在现代数据获取系统中，实时性能变得越来越重要，而传统的基于缓冲和数组的分析过程需要先将采集到的数据放在缓冲区或数组中，待数组量达到一定要求时才能将数据一次性进行分析处理。因此，基于数组的分析不能实时地分析采集到的数据，很难构建高速实时的系统。LabVIEW 提供了新的分析库，即"逐点分析库"。逐点分析中，数据分析是针对每个数据点的，对采集到的每一个点数据都可以立即进行分析，而且分析可以是连续进行的。通过实时分析，用户可以实时观察到当前采集数据的分析结果，从而使用户能够跟踪和处理实时时间。此外，由于不需要构建缓冲区，分析与数据可以直接相连。这使得采样率可以更高，数据量可以更大，而数据丢失的可能性更小，编程也更加容易。

实时数据获取系统需要连续稳定的运行系统。逐点分析库由于把数据获取与分析连接在了一起，因此逐点分析是连续稳定的。这使得它能够广泛应用于控制领域，比如 FPGA、DSP 芯片、嵌入式控制器、专用 CPU 和专用集成电路 ASIC 等。

逐点分析库提供了与数组分析相应的分析功能。它在 Functions Palette 中的位置为 Signal Processing→Point By Point，如图 7-21 所示。

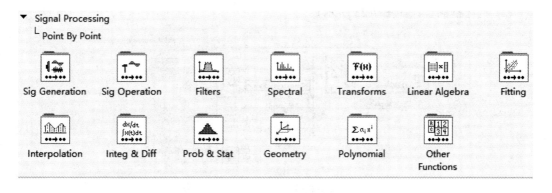

图 7-21 逐点分析库函数面板

综 合 实 训

通过本章的学习，希望大家可以独立地完成本章开头所提出的任务。

❖ **编程题目 1**

积分与微分是数学中常见的计算方法，通过本章学习后，请使用相关的 VI 实现如下功能。

设 $f(x) = e^{\sin x}$，求该函数在[0, x]上的定积分、不定积分和导数。根据前面板，请设计后台程序。

首先要确认任务中要实现的主要功能包括：设计 $f(x) = e^{\sin x}$ 函数，然后分别实现不定积分和导数函数。

(1) 程序的前面板设计如图 7-22 所示。

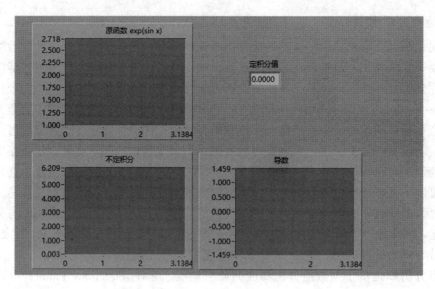

图 7-22   数值积分与数值微分设计前面板

(2) 程序框图设计如图 7-23 所示。

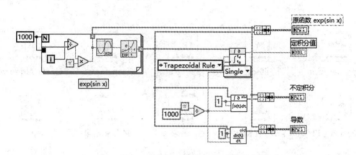

图 7-23   数值积分与数值微分设计程序框图

(3) 程序的运行结果如图 7-24 所示。

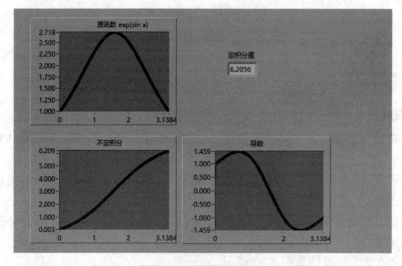

图 7-24   数值积分与数值微分设计运行结果

❖ **编程题目 2**

在信号传输过程中，由于外界的干扰，经常会混入高频噪声。因此，在测量信号时希望把这些来自外部的高频噪声信号去掉。通常的做法都是采用低通滤波器将高频信号噪声滤掉。

请设计一个信号源由一个正弦波与一个高通滤波的高频信号叠加而成，高通滤波器的截止频率为 100，即滤掉频率小于 100 的低频噪声分量。信号滤波器为 Butterworth 滤波器，截止频率设为 30，即滤掉频率大于 30 的噪声分量。

首先要确认任务中要实现的主要功能包括：设计一个信号源由正弦波和高通滤波的高频信号叠加的波形，可输入采样频率、采样数、信号频率，设置信号的截止频率和阶数。然后设计产生输入信号频谱，并设计相关的滤波器。

(1) 程序的前面板设计如图 7-25 所示。

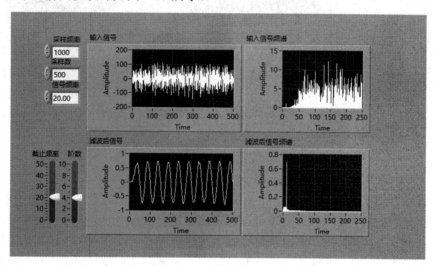

图 7-25　滤波器前面板

(2) 程序框图设计如图 7-26 所示。

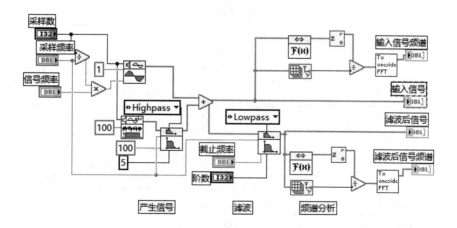

图 7-26　滤波器程序框图

(3) 程序的运行结果如图 7-27 所示。

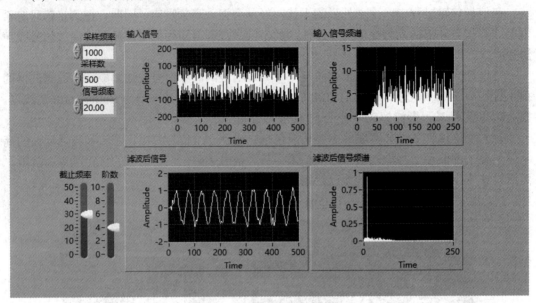

图 7-27 　滤波器程序运行结果

小　结

本章详细介绍了 LabVIEW 支持的大量的数学分析方法、信号处理 VI 函数的使用方法、数据采集与仪器的使用方法以及相应的应用实例。通过本章的学习，希望学生掌握这些数学分析方法的基本用途，对信号处理各个 VI 加深理解与应用技能；也希望学生通过数据采集与仪器的学习，能够在未来的工作和学习中，对掌握 NI 板卡的操作有一些借鉴和指导意义。

评价与考核如表 7-3 所示。

表 7-3 　评价与考核

【评估表】					
系部：		班级：		日期：	
学习领域：虚拟仪器与 LabVIEW 编程技术			学习情境：文件 I/O		
学员名单：			授课教师：		总得分：
工作任务 1：项目实施前的准备					
序号	测 评 项 目		学员自评	学员互评	教师打分
1	计算机的基本操作(打开、保存、关闭)				
2	LabVIEW 程序知识(程序的组成、基本功能)				
3	计算机功能检测(正常工作、故障判断)				

续表

工作任务 2：启动计算机				
序号	测评项目	学员自评	学员互评	教师打分
1	调入 LabVIEW 软件(软件调用操作步骤)			
2	启动程序界面 (启动界面基本操作步骤)			
3	程序界面的基本操作 (程序界面的操作步骤)			
工作任务 3：编程				
序号	测评项目	学员自评	学员互评	教师打分
1	前面板图标的调用及放置布局合理性			
2	程序框图图标的调用及放置、连线合理性			
3				
工作任务 4：运行与分析				
序号	测评项目	学员自评	学员互评	教师打分
1	前面板参数输入正确、错误的判断			
2	判断运行结果			
3	对程序的修改及运行、分析原因、解决方法			
工作任务 5：提交数据和报告				
序号	测评项目	学员自评	学员互评	教师打分
1	填写实训报告			
2	打印编程序(前面板、程序框图)、存档			

习　　题

1. 数学分析的函数都包括哪些？

2. 信号处理函数包括哪些函数？

3. 时域分析和频域分析分别指的是什么？

4. 数据采集系统都包括哪些内容？

5. 信号调理的方法都包括哪些？

6. 编程实现：傅里叶变换是数字信号中最重要的一个变换之一，它的意义在于人们能够在频域中观察一个信号的特征。它的一个基本应用就是计算信号的频谱，通过频谱可以方便地观察和分析信号的频率组成成分。现在通过 3 个正弦信号发生函数产生 3 个不同频率不同振幅的正弦函数，并将其叠加为同一个信号作为傅里叶变换函数的输入。

第 8 章　综合项目实例

为了提高学生的实战能力(Practical Ability)，本章会从实际的项目研发角度出发，列举出项目实例，让学生真正体会到项目开发的实际过程，从而加深对项目开发各个阶段的理解。

8.1　函数发生器的设计与制作

8.1.1　项目目标

应用 LabVIEW 平台设计虚拟信号发生器。

1) 功能要求

(1) 可产生 10 Hz～100 MHz 之间任意频率的正弦波(Sin Wave)、方波(Square Wave)、三角波(Triangular Wave)、锯齿波(Sawtooth Wave)以及多频波(Multiple Frequency Wave)。

(2) 任意波形的发生(任意波形可实现公式输入)。

(3) 信号频率、幅度、相位、偏移量可调节。

(4) 方波占空比可调节。

2) 设计要求

(1) 设计前面板界面，建立友好的人机操作界面。

(2) 画出各功能模块的程序框图(Program Chart)及流程图(Flowchart)。

8.1.2　项目分析

设计一个虚拟信号发生器，首先要进行前面板的设计。前面板的设计主要需要考虑信号发生器实现的功能。根据项目要求，除了产生基本函数信号、多波形外，还要对这些波形进行频谱分析和微积分变换。所以根据这些功能，在空间选板中选择相应的控件(ActiveX)放在前面板中相应的位置。摆放也得有一定的要求，要简洁、美观、实用。其次就是后台程序的设计。这要用到函数模块，根据本项目的要求选择相应的函数模块，这里会用到波形生成模块、微积分模块、频谱分析模块以及相关其他函数模块。由于程序一直在运行，因此还会用到循环结构。本项目设计会用到的循环结构有 While 循环结构、case 结构等。最后需要将这些模块按照设计的逻辑流程图连接起来。所有的设计结束后，需要根据模块测试文档和功能测试文档进行模块测试以及功能测试。等所有的测试通过后，即表明此项目顺利完成。

8.1.3 项目实现

1. 设计框图

根据对项目功能的分析，生成一个整体流程图，如图 8-1 所示。

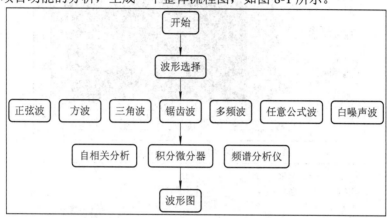

图 8-1 整体流程图

2. 模块设计

本节主要介绍基于 LabVIEW 的虚拟函数信号发生器的设计思路及其流程和仿真图。设计主要分为以下 5 个模块：波形产生模块(基本波形、多频信号等)、自相关函数演示模块、频谱分析模块(虚拟正弦波频谱分析模块)、积分微分模块(虚拟积分器与微分器)以及虚拟函数发生器的总体设计。

1) 波形产生模块

波形产生模块包含基本波形产生、多频信号产生、任意公式波形产生、噪声信号产生四个小模块。把这几个小模块放在一个 Case 结构中就组成了本设计中波形产生模块。

基本波形子模块应用基本函数发生器节点来产生正弦波、三角波、方波和锯齿波四种信号，其程序框图和前面板分别如图 8-2～图 8-6 所示。

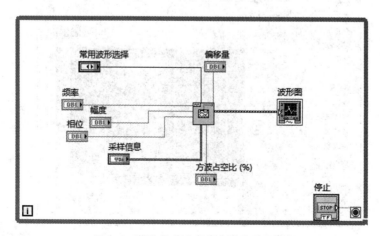

图 8-2 四种基本波形产生模块程序框图

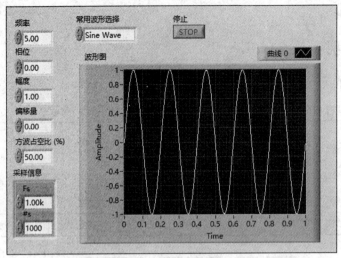

图 8-3　正弦波波形产生模块前面板

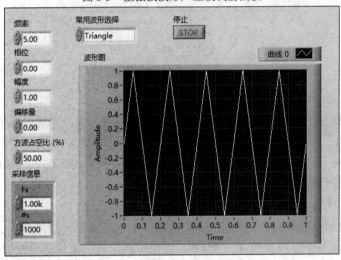

图 8-4　三角波波形产生模块前面板

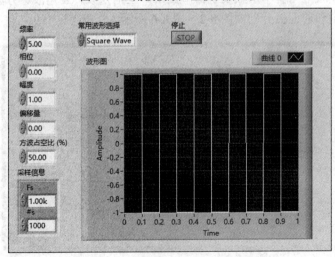

图 8-5　方波波形产生模块前面板

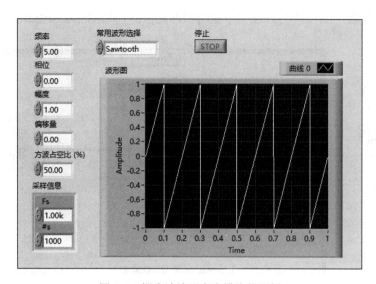

图 8-6 锯齿波波形产生模块前面板

多频信号产生模块的后台程序框图和前面板分别如图 8-7 和图 8-8 所示。

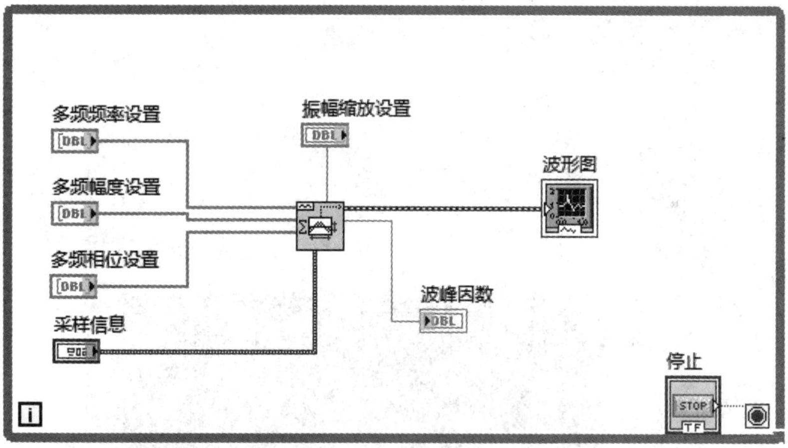

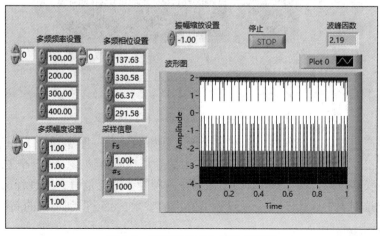

图 8-7 多频信号产生模块程序框图

图 8-8 多频信号产生模块前面板

任意公式波形产生模块的后台程序框图和前面板分别如图 8-9 和图 8-10 所示。

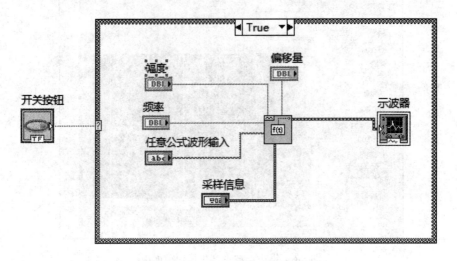

图 8-9　任意公式波形产生模块程序框图

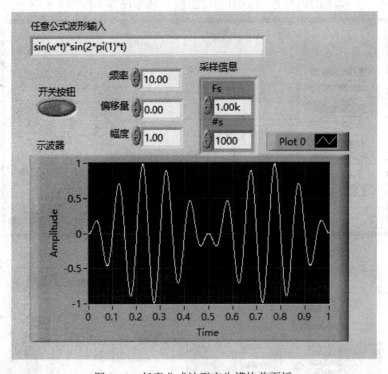

图 8-10　任意公式波形产生模块前面板

噪声信号产生模块后台程序框图和前面板分别如图 8-11～图 8-14 所示。该模块的 Case 结构有两个分支，一个 Case 结构分支产生常用的高斯白噪声波形，另一个 Case 结构产生常用的均匀白噪声波形。该模块可以根据需要在两种噪声波形信号之间进行选择(在前面板的信号类型下拉列表中选择即可)，通过调节噪声的参数，可以得到不同的高斯白噪声和均匀白噪声波形。

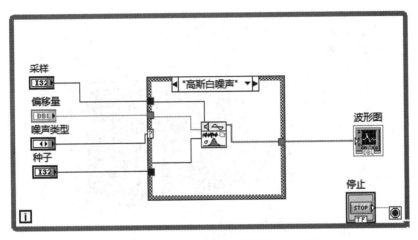

图 8-11　高斯白噪声信号产生模块程序框图

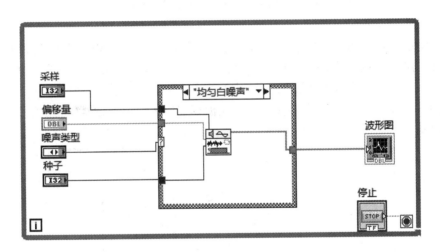

图 8-12　均匀白噪声信号产生模块程序框图

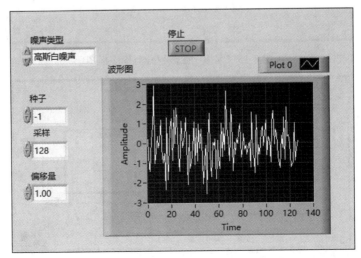

图 8-13　高斯白噪声信号产生模块前面板

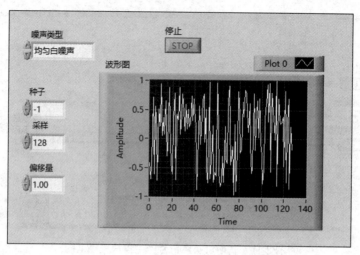

图 8-14　均匀白噪声信号产生模块前面板

2) 积分微分模块

积分微分模块的功能是观察正弦波、方波或三角波在微分、积分前后的波形。这里给出的是对正弦波波形进行积分、微分转换的例子，其中积分和微分分别放在第二个 Case 结构的两个分支中。虚拟正弦波积分器程序框图和虚拟正弦波微分器程序框图分别如图 8-15 和图 8-16 所示，虚拟正弦波积分器前面板和虚拟正弦波微分器前面板分别如图 8-17 和图 8-18 所示。

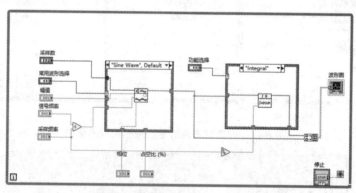

图 8-15　虚拟正弦波积分器程序框图

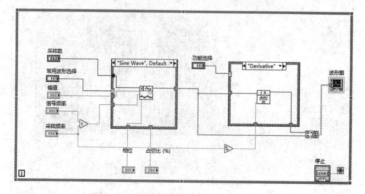

图 8-16　虚拟正弦波微分器程序框图

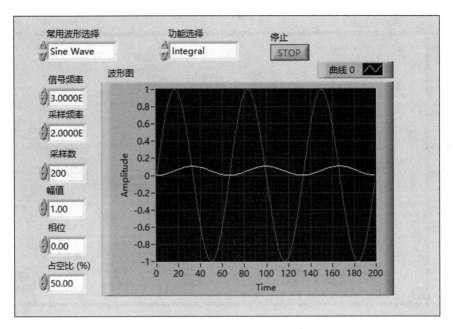

图 8-17　虚拟正弦波积分器前面板

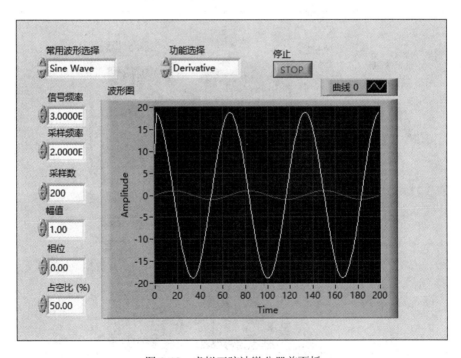

图 8-18　虚拟正弦波微分器前面板

3) 自相关函数演示模块

通过该自相关函数演示模块可观察正弦波仿真信号的自相关函数。这里需注意：将图标函数直接输出的相关函数值除以采样点数才能得到正确的结果。自相关函数演示模块程序框图和前面板分别如图 8-19 和图 8-20 所示。

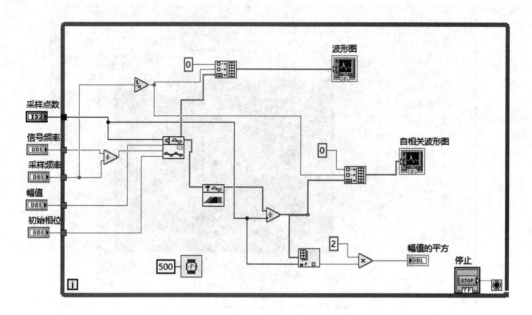

图 8-19　自相关函数演示模块程序框图

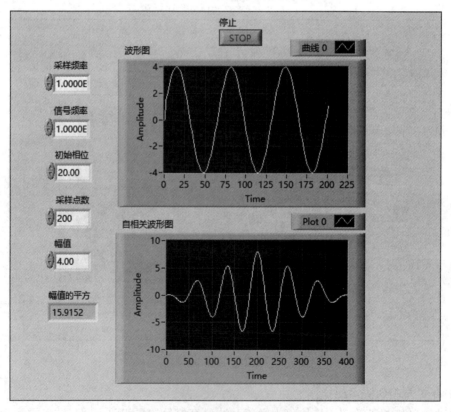

图 8-20　自相关函数演示模块前面板

4) 频谱分析模块

这里通过该模块对正弦波进行频谱分析，其功能是将正弦波经过 FFT 后得到幅值谱。

虚拟正弦波频谱分析模块后台程序框图和前面板分别如图 8-21 和图 8-22 所示。

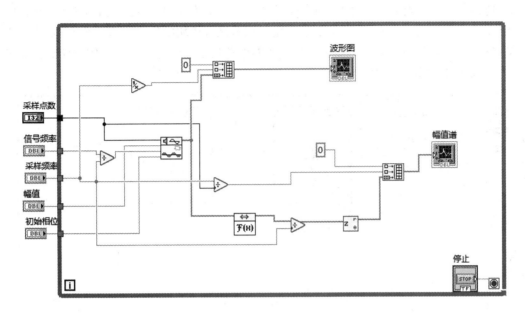

图 8-21　虚拟正弦波频谱分析模块程序框图

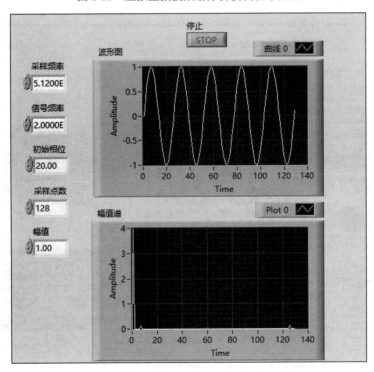

图 8-22　虚拟正弦波频谱分析模块前面板

3. 总体设计

下面介绍虚拟函数信号发生器的总体设计流程图。此设计是在综合了前面所设计的各个模块的基础上进行的。在第一个 Case 结构当中放置了正弦波、方波、三角波、锯齿波、高斯白噪声、均匀白噪声、多频波以及任意公式输入波形作为该 Case 结构的各个分支，来实现波形的产生。第二个 Case 结构则是应用了积分微分模块的结构。将两个 Case 结构置于 While 循环中，便组成了虚拟函数信号发生器的总体设计流程图。其总体设计框图及前面板分别如图 8-23 和图 8-24 所示。

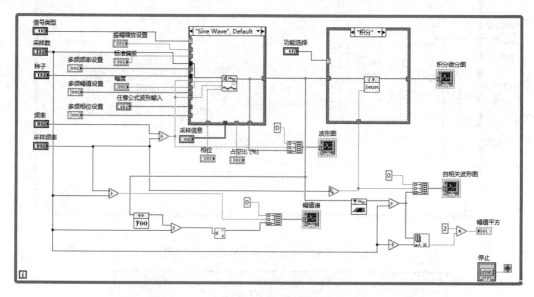

图 8-23　总体设计框图

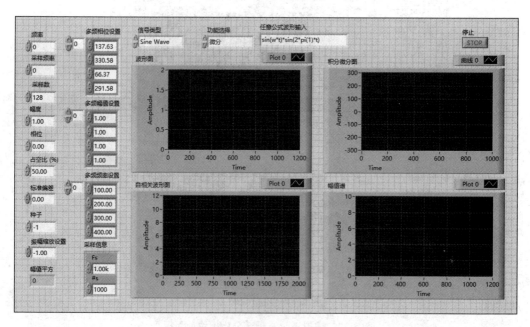

图 8-24　总体设计前面板

4. 系统测试

总体设计结束后，接下来就要对所设计的程序进行调试，验证程序设计的正确性。调试程序时，在前面板可以通过调节波形类型按钮以及积分/微分按钮看到设置好的各个波形的波形图、积分/微分后的波形图、自相关函数波形图以及频谱分析器波形图。

1) 正弦波仿真图

正弦波积分图如图 8-25 所示。

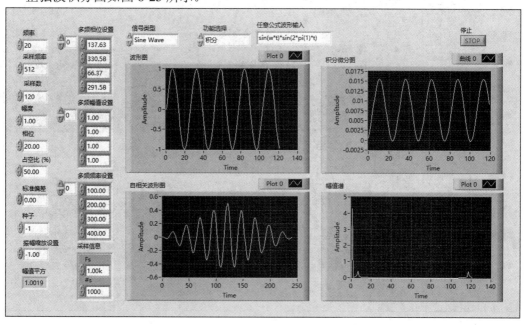

图 8-25　正弦波积分图

正弦波微分图如图 8-26 所示。

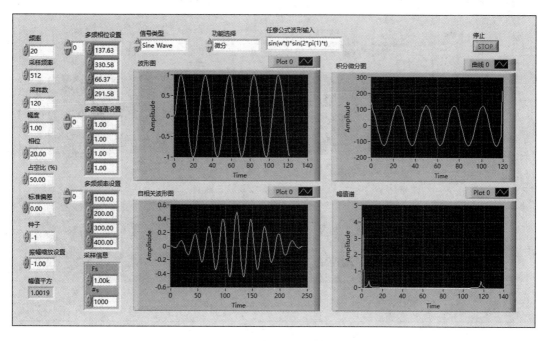

图 8-26　正弦波微分图

2) 方波仿真图

方波积分图如图 8-27 所示。

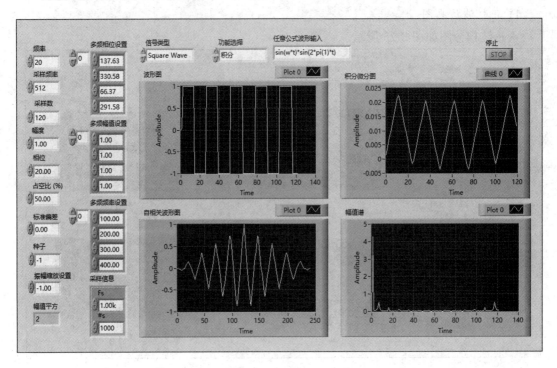

图 8-27　方波积分图

方波微分图如图 8-28 所示。

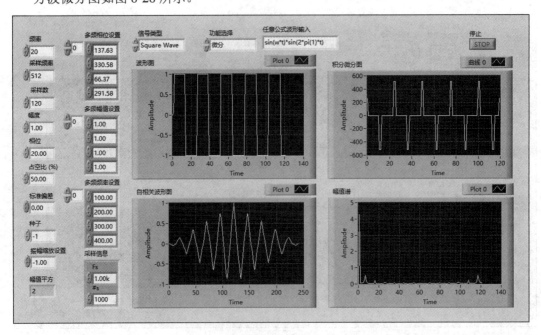

图 8-28　方波微分图

3) 三角波仿真图

三角波积分图如图 8-29 所示。

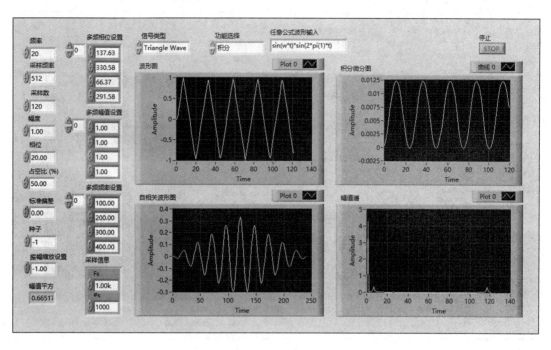

图 8-29　三角波积分图

三角波微分图如图 8-30 所示。

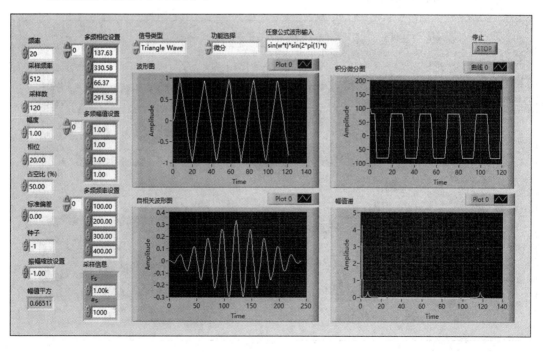

图 8-30　三角波微分图

4) 锯齿波仿真图

锯齿波积分图如图 8-31 所示。

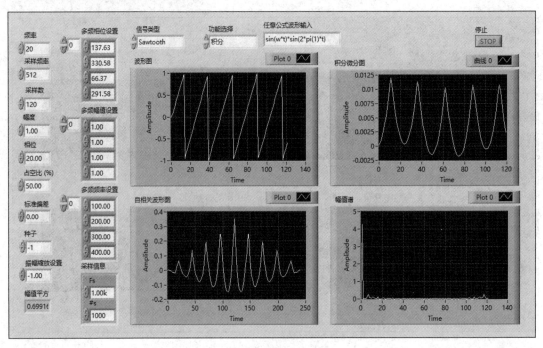

图 8-31　锯齿波积分图

锯齿波微分图如图 8-32 所示。

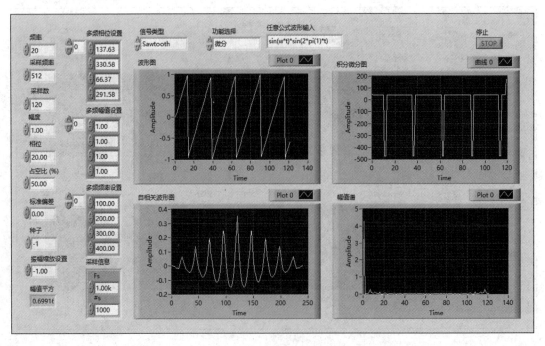

图 8-32　锯齿波微分图

5) 多频波仿真图

多频波积分图如图 8-33 所示。

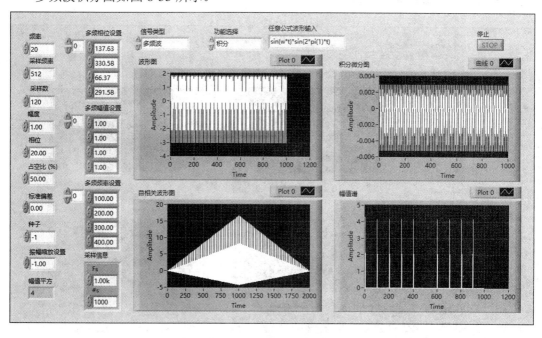

图 8-33 多频波积分图

多频波微分图如图 8-34 所示。

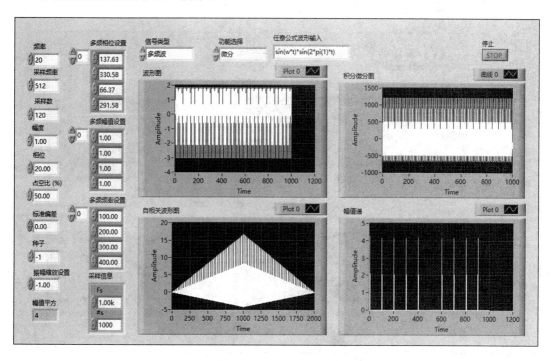

图 8-34 多频波微分图

6) 高斯白噪声仿真图

高斯白噪声积分图如图 8-35 所示。

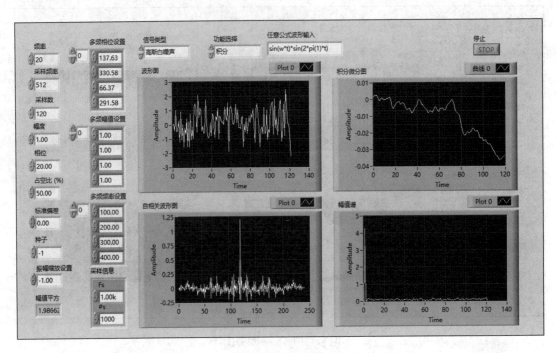

图 8-35　高斯白噪声积分图

高斯白噪声微分图如图 8-36 所示。

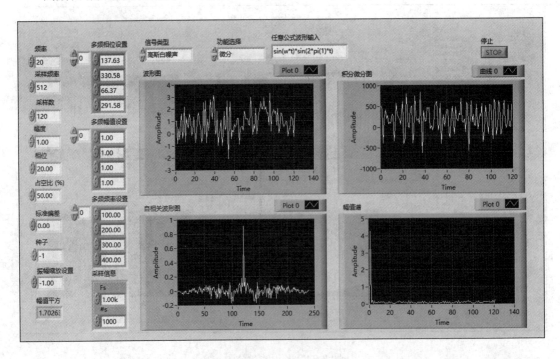

图 8-36　高斯白噪声微分图

7) 均匀白噪声仿真图

均匀白噪声积分图如图 8-37 所示。

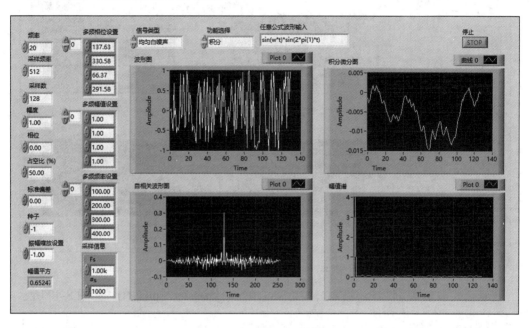

图 8-37 均匀白噪声积分图

均匀白噪声微分图如图 8-38 所示。

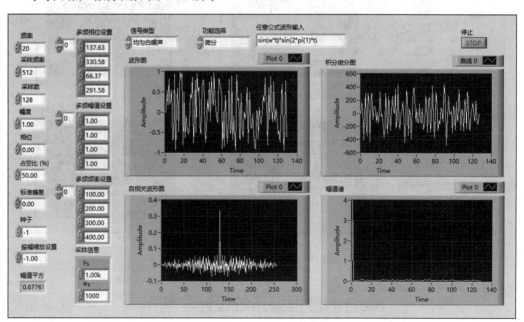

图 8-38 均匀白噪声微分图

8) 任意公式波形仿真图

任意公式波形积分图中，输入公式为 sin(10*pi(1)*t)*sin(2*pi(1)*t)，如图 8-39 所示。

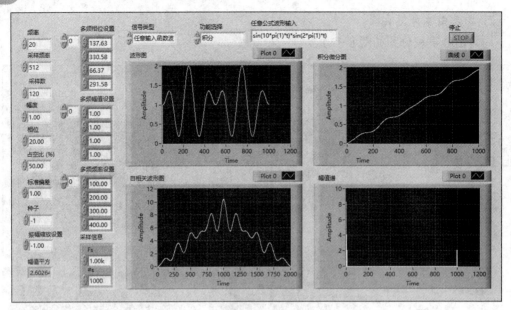

图 8-39　任意公式波形积分图

任意公式波形微分图中，输入公式为 sin(10*pi(1)*t)*sin(2*pi(1)*t)，如图 8-40 所示。

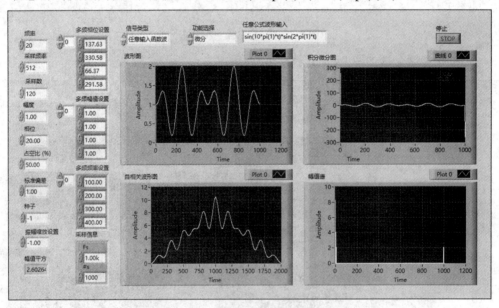

图 8-40　任意公式波形微分图

8.2　温度报警系统设计与制作

8.2.1　项目目标

本设计要实现一个温度超限报警系统，当温度超过报警上限且开启报警时，报警灯亮，同时显示当前温度及报警信息、当前报警上限温度、当前时间以及报警的次数。

8.2.2　项目分析

在 VI 程序前面板中添加两个温度计分别显示随机温度和上限温度；添加报警装置，开启报警灯，当温度超过报警上限时，报警灯发出红色报警信号，再添加一些其他控件，显示报警次数、当前时间等。整个程序要用到定时循环结构，定时循环结构中要嵌套平铺的顺序结构，顺序结构中又要嵌套条件结构。

8.2.3　项目实现

1. 设计程序流程图

根据对项目功能的分析，生成了系统设计的流程图，如图 8-41 所示。

2. 详细设计

1) 温度的获取

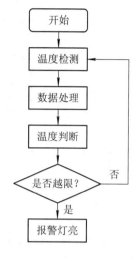

图 8-41　系统流程图

创建一个子 VI，在程序框图中添加一个定时循环结构，再嵌套一个平铺式数值结构，再嵌套一个条件结构，在前面板中打开"新式"空间中的"数值"空间，添加两个温度计用作速记温度和报警上限温度的输出。温度显示图如图 8-42 所示。

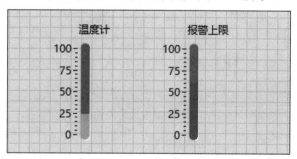

图 8-42　温度显示图

2) 温度的显示

在程序框图顺序结构中打开"编程"控件中的"数值"控件，添加一个"随机数"控件显示随机温度即当前温度。温度计控件图如图 8-43 所示。

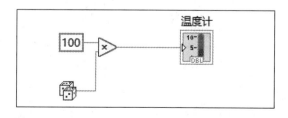

图 8-43　温度计控件图

给温度计创建一个局部变量,在程序框图结构中放入一个数值至小数字符串转换函数,精度设置为 1 位,再用一个"连接字符串"控件将温度计与字符串常量"当前温度"和"摄氏度"连接起来,创建显示控件,输出当前温度。当前温度显示控件图如图 8-44 所示。

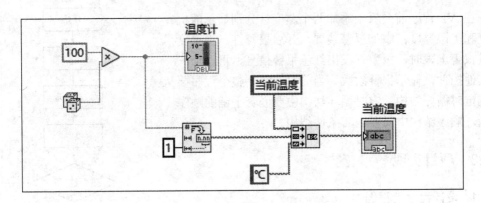

图 8-44 当前温度显示控件图

给报警上限温度创建一个局部变量,再用一个"连接字符串"控件将报警上限与字符串常量"报警上限温度"和"摄氏度"连接起来,创建显示控件,输出报警上限温度。温度报警控件图如图 8-45 所示。

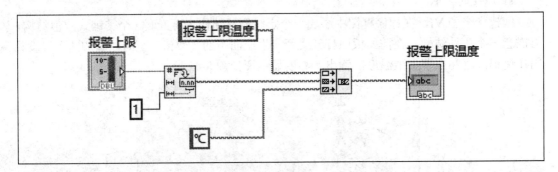

图 8-45 温度报警控件图

3) 报警灯的设置

在前面板的"新式"控件中打开"布尔"控件,添加圆形指示灯用作报警输出,当随机温度大于等于报警上限温度时,报警灯亮。报警灯显示图如图 8-46 所示。

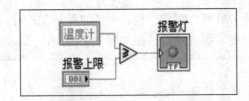

图 8-46 报警灯显示图

4) 开启报警设置

在前面板的"系统"控件中,选择"按钮"用作报警开关显示。开启报警按钮显示图如图 8-47 所示。

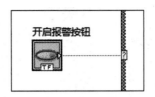

图 8-47　开启报警按钮显示图

5) 报警信息的显示

当温度高于报警上限温度时，将当前温度与字符串常量"温度超限！当前温度为："和"摄氏度"用连接字符串连接起来，输出报警信息。报警信息显示图如图 8-48 所示。

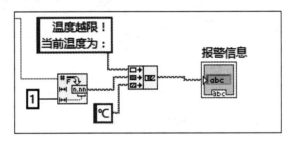

图 8-48　报警信息显示图

6) 报警次数显示

开启报警灯后，在程序框图条件结构中添加一个加法运算，创建常量"次数"，报警灯每亮一次，次数进行加 1 运算。报警次数显示图如图 8-49 所示。

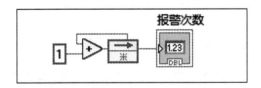

图 8-49　报警次数显示图

7) 时间显示

在程序框图中，打开"编程"控件中的"定时"控件，添加一个"获取日期/时间(秒)"控件用来显示当前时间，当前时间与所在的电脑时间同步。时间显示图如图 8-50 所示。

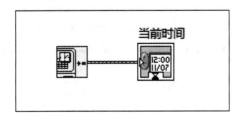

图 8-50　时间显示图

3. 总体设计

完成了以上各个模块的设计后，程序的总体设计就实现了。

程序前面板如图 8-51 所示。

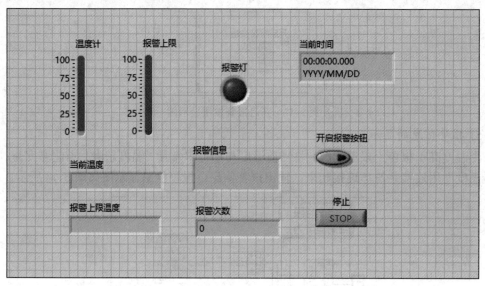

图 8-51　程序前面板

程序总体设计框图如图 8-52 所示。

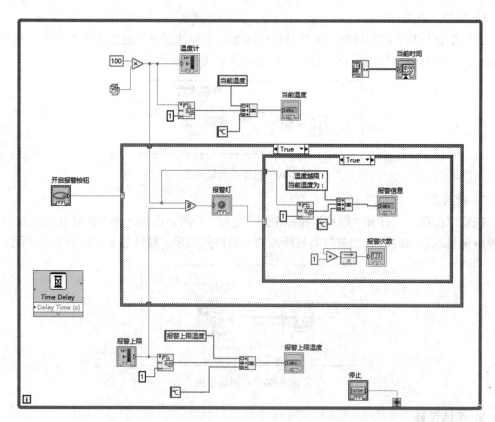

图 8-52　程序总体设计框图

4. 系统测试

总体设计结束后，接下来就要对所设计的程序进行调试，验证程序设计的正确性。程序高温报警图如图 8-53 所示。

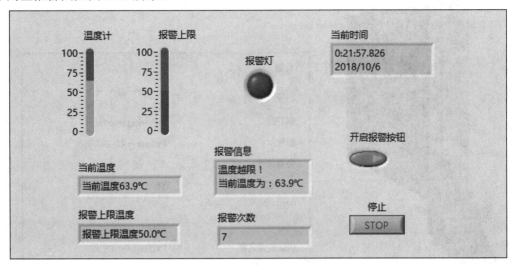

图 8-53 程序高温报警图

8.3 PXI 可编程电阻板卡控制实现

8.3.1 项目目标

本设计要实现一个 PXI 高精度、可编程电阻模块 Pickering40-297-003 控制，编写 LabVIEW 程序通过发送命令实现对 PXI 可编程板卡控制。PXI 板卡阻值的设置方式为从 0～5000 Ω，每隔 500 ms 阻值会随正弦波发生器增加指定阻值，当电阻到达 5000 Ω 时，每隔 500 ms 阻值会随着正弦波发生器减小指定阻值，反复运行；同时通过串口读取命令从 PXI 板卡读取当前的电阻值，将读取到的阻值存入 log.xlsx 文件，而且这些阻值可以实时地显示在前面板，当设置的阻值大于 3000 Ω 时，提示阻值过高而报警。

log 文件中存放着读取的阻值和是否报警的信息。

8.3.2 项目分析

在 VI 程序前面板中添加通信的端口号、PXI 板卡选择、数据文件保存路径选择按键，数据显示的波形显示模块、当前阻值显示框、温度报警灯以及停止程序运行按钮。整个程序要用到定时循环结构，而定时循环结构中要嵌套平铺时顺序结构，顺序结构中又要嵌套条件结构。

此项目中，需要用到NI的板卡信息：PXI高精度、可编程电阻模块 Pickering 40-297-003，如图 8-54 所示。

在机箱中的信息如图 8-55 所示。

设置	
名称	
供应商	Pickering Interfaces
型号	Pickering 40-297-003
插槽编号	8
PCI总线	58
PCI设备	9
状态	存在
VISA资源名称	PXI58::9::INSTR

图 8-54　PXI 板卡图　　　　　　　图 8-55　PXI 信息描述

8.3.3　项目实现

1. 设计程序流程图

根据对项目功能的分析，生成了系统设计的流程图，如图 8-56 所示。

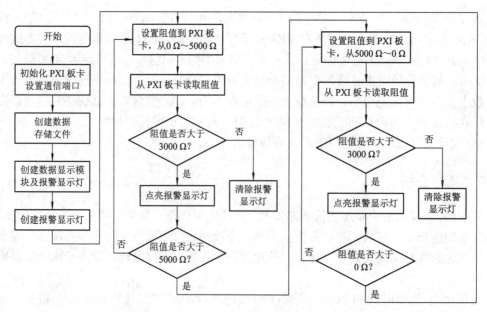

图 8-56　系统流程图

2. 模块设计

1) 板卡初始化

创建一个 VI，调用初始化 PXI 板卡的子 VI。PXI 板卡子 VI 如图 8-57 所示。

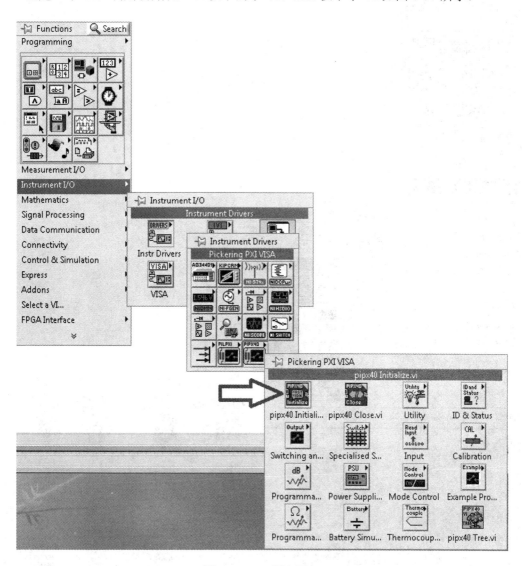

图 8-57 PXI 板卡子 VI

2) 资源名称指定

资源名称指定如图 8-58 所示。

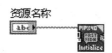

图 8-58 资源名称指定

3) 设置电阻值

电阻值指定如图 8-59 所示。

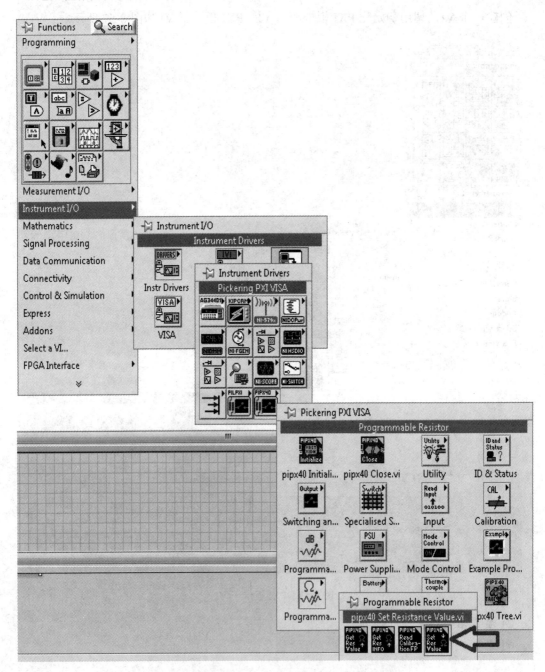

图 8-59　电阻值指定

4) 电阻值读取

电阻值读取如图 8-60 所示。

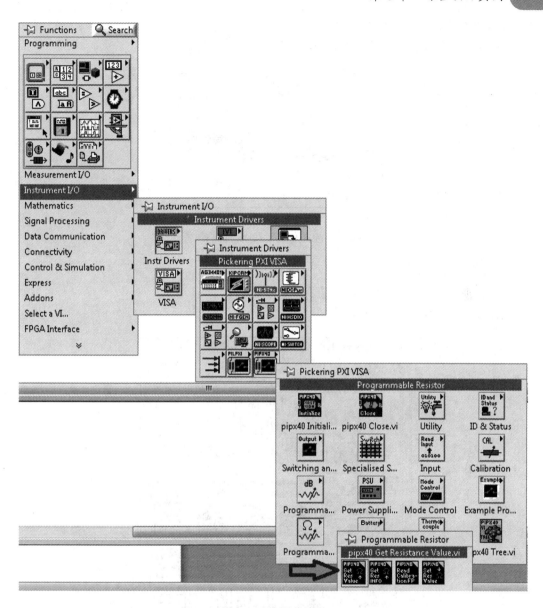

图 8-60 电阻值读取

5) 电阻值变化设置

电阻值变化设置如图 8-61 所示。

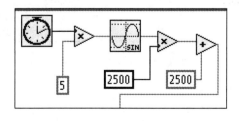

图 8-61 电阻值变化设置

6) 电阻值显示及阻值过高报警

电阻值显示及阻值过高报警如图 8-62 所示。

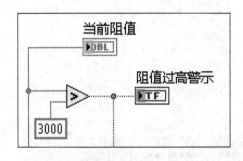

图 8-62 电阻值显示及阻值过高报警

7) 电阻值变化显示

前面板波形显示 VI 用于显示阻值变化曲线。

电阻值变化显示如图 8-63 所示。

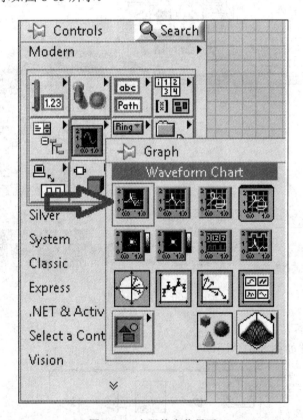

图 8-63 电阻值变化显示

8) 电阻值数据保存文件

程序框图中选择保存文件函数。

电阻值数据保存文件如图 8-64 所示。

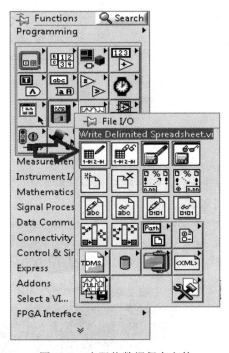

图 8-64　电阻值数据保存文件

9)　While 循环

While 循环控件如图 8-65 所示。

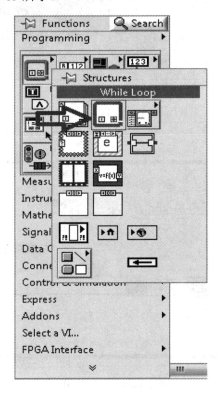

图 8-65　While 循环

10) 停止按钮

停止按钮如图 8-66 所示。

图 8-66　停止按钮

3. 总体设计

完成了以上各个模块的设计后，程序的总体设计就实现了。

程序前面板如图 8-67 所示。

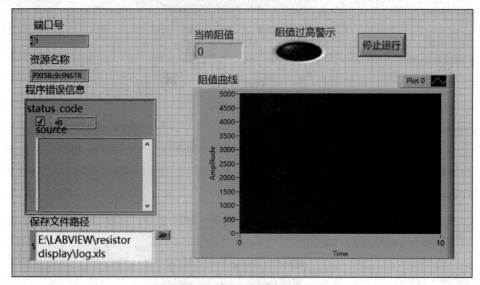

图 8-67　程序前面板

程序框图如图 8-68 所示。

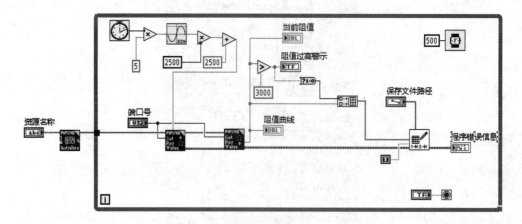

图 8-68　程序框图

4. 系统测试

总体设计结束后，接下来就要对所设计的程序进行测试，验证程序设计的正确性。程序测试前面板如图 8-69 所示。

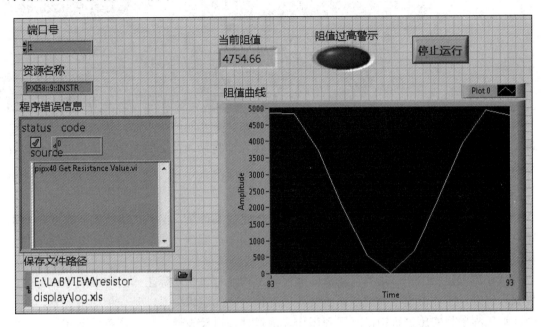

图 8-69　程序测试前面板

程序的数据文件存储测试，第一列代表是否报警，0 代表无报警，1 代表发生报警；第二列是采样的阻值。测试结果如图 8-70 所示。

	A	B
1	0	1596.783
2	1	4838.245
3	1	4546.418
4	0	2463.424
5	0	412.4
6	0	188.557
7	0	1987.865
8	1	4235.329
9	1	4964.043
10	1	3536.121
11	0	1201.325
12	0	3.237
13	0	990.428
14	1	3298.838
15	1	4908.016
16	1	4409.627
17	0	2239.889
18	1	3527.465
19	0	525.738
20	1	4962.427
21	0	121.501

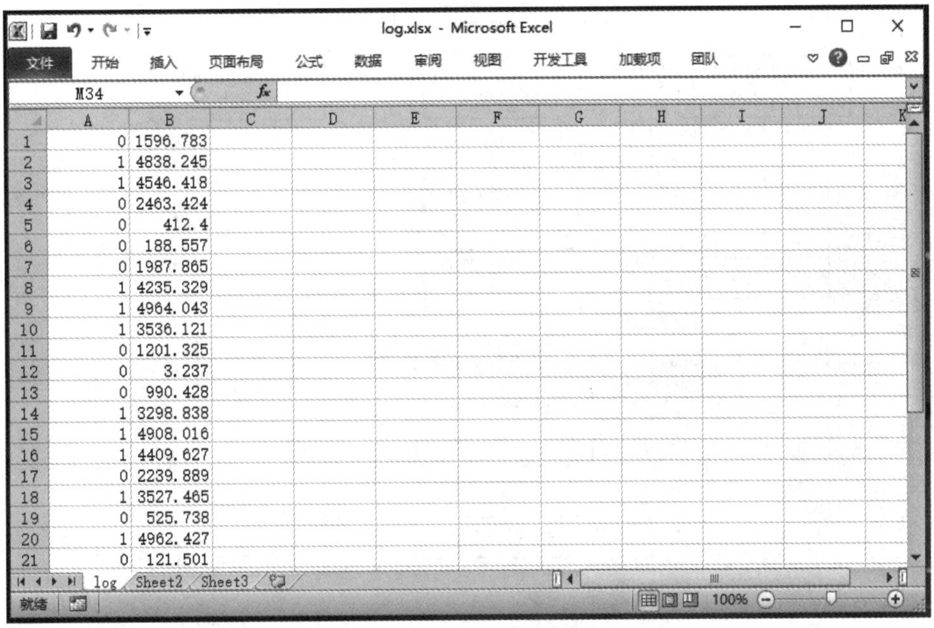

图 8-70　测试结果

附录 1 工 作 流 程

工作流程(Workflow)和标准(Standard)是企业非常重要的两个方面。新入职的员工都必须尽快了解所在企业的工作流程和相关标准，作为即将踏入社会的大学生，也非常有必要对两者有一个初步的了解。

1. 工作流程

细心观察日常生活，我们会发现为了顺利地完成某件事，必须严格按照一定的先后顺序进行。比如，我们必须先穿袜子，然后穿鞋，而不能颠倒过来。这就是一个最简单的工作流程。

工作流程是指工作事项的活动流向顺序。工作流程包括实际工作过程中的工作环节、步骤和程序。工作流程中的组织系统中各项工作之间的逻辑关系，是一种动态关系。在一个建设工程项目实施过程中，其管理工作、信息处理以及设计工作、物资采购和施工都属于工作流程的一部分。全面了解工作流程，要用工作流程图；而管理和规划工作流程，则需要工作流程组织来完成。附图 1-1 是一个工作流程图的例子。

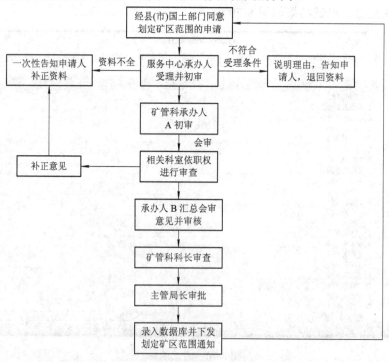

附图 1-1　工作流程图

值得注意的是，工作流程并不是一成不变的，有时会随着企业的需求而变化。

2. 软件开发流程

软件开发流程属于企业工作流程中的一种。LabVIEW 编程属于软件开发的范畴，因此非常有必要了解一下软件开发流程一般都分为几个阶段，每个阶段需要进行的工作都有哪些。

典型的软件开发流程可分为需求分析、概要设计、详细设计、编码、测试、交付、验收和维护几个阶段。

1) 需求分析

需求分析(Requirement Analysis)是项目的根本，需求分析做得好坏会直接影响项目的成败。需求分析直接决定了项目的方向，如果方向错了，后续工作再努力，只会导致离目标越来越远。因此，做好需求分析非常有必要。

(1) 相关系统分析员向用户初步了解需求，然后使用相关工具软件列出要开发的系统的大功能模块，每个大功能模块包含哪些小功能模块。常用的工具为 UML 中的用例图(Use Case Diagram)，如附图 1-2 所示。

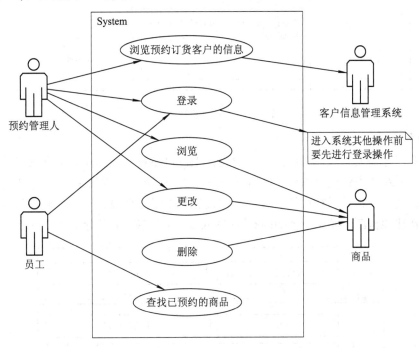

附图 1-2　用例图示例

除了功能以外，往往还需要和客户明确软件的界面。如果采用一些便捷的工具把界面向客户描绘出来，将非常有利于界面的确认。界面原型图(Interface Prototyping Diagram)就是经常采用的方式，如附图 1-3 所示。常见的界面图原型工具有 VISIO、GUIDesignStudio 和 Mockups For Desktop。

(2) 系统分析员深入了解和分析需求，根据自己的经验和需求用 Word 或相关的工具再做出一份文档系统的功能需求文档。这次的文档会清楚地列出系统大致的大功能模块，大功能模块有哪些小功能模块，并且还列出相关的界面和界面功能。

(3) 系统分析员向用户再次确认需求。

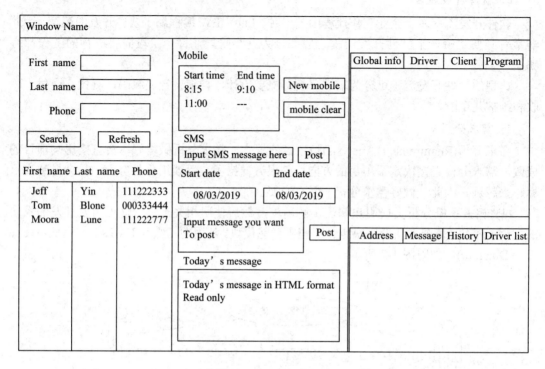

附图 1-3　界面原型图示例

2) 概要设计

开发者首先需要对软件系统进行概要设计(High Level Design)，即系统设计。概要设计需要对软件系统的设计进行考虑，包括系统的基本处理流程、系统的组织结构、模块划分、功能分配、接口设计、运行设计、数据结构设计和出错处理设计等，为软件的详细设计提供基础。软件架构图(Software Architecture Diagram)如附图 1-4 所示。

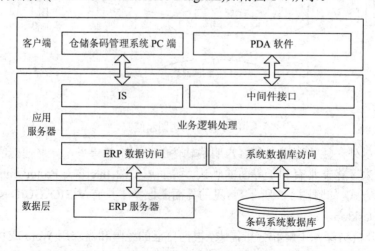

附图 1-4　软件架构图示例

3) 详细设计

在概要设计的基础上，开发者需要进行软件系统的详细设计(Low Level Design)。在详细设计中，描述实现具体模块所涉及的主要算法(Algorithm)、数据结构(Data Structure)、类(Class)的层次结构及调用关系，并需要说明软件系统各个层次中的每一个程序(每个模块或子程序)的设计考虑，以便进行编码和测试。**注意**，应当保证软件的需求完全分配给整个软件。详细设计应当足够详尽，能够根据详细设计报告进行编码。软件流程图如附图 1-5 所示。

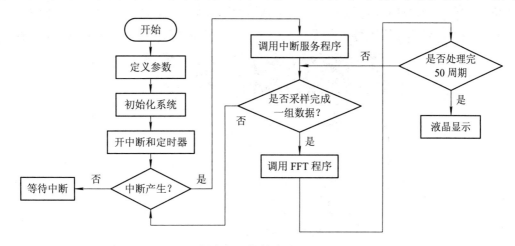

附图 1-5　软件流程图示例

4) 编码

在软件编码(Software Coding)阶段，开发者根据《软件系统详细设计报告》中对数据结构、算法分析和模块实现等方面的设计要求，开始具体的编写程序工作，分别实现各模块的功能，从而实现对目标系统的功能、性能、接口、界面等方面的要求。在规范化的研发流程中，编码工作在整个项目流程里最多不会超过 1/2，通常在 1/3 的时间。所谓磨刀不误砍柴工，设计过程完成的好，编码效率就会极大提高。编码时不同模块之间的进度协调和协作是最需要小心的，也许一个小模块的问题就可能影响了整体进度，让很多程序员因此被迫停下工作去等待，这种问题在很多研发过程中都出现过。编码时的相互沟通和应急的解决手段都是相当重要的，对于程序员而言，bug 永远存在，你必须永远面对这个问题。比如微软公司，从来没有连续三个月不发补丁的时候。LabVIEW 程序编码如附图 1-6 所示。

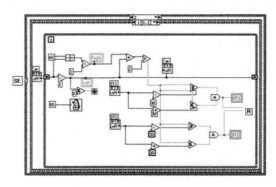

附图 1-6　LabVIEW 程序编码

5) 测试

将编写好的系统交给用户使用，用户使用后一个一个地确认每个功能。软件测试
(Software Test)有很多种：按照测试执行方，可以分为内部测试和外部测试；按照测试范围，
可以分为模块测试和整体联调；按照测试条件，可以分为正常操作情况测试和异常情况测
试；按照测试的输入范围，可以分为全覆盖测试和抽样测试。总之，测试是项目研发中一
个相当重要的步骤，对于一个大型软件，3 个月到 1 年的外部测试都是正常的，因为永远
都会有不可预料的问题存在。完成测试和验收并完成最后的一些帮助文档之后，整体项目
才算告一段落，当然日后还需要升级、修补等工作。程序内部测试示例如附图 1-7 所示。

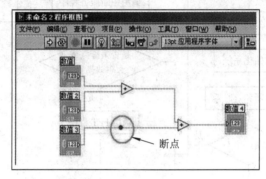

附图 1-7　程序内部测试

6) 软件交付(Software Deliver)

在软件测试证明软件达到要求后，软件开发者应向用户提交开发的目标安装程序、数
据库的数据字典、《用户安装手册》、《用户使用指南》、需求报告、设计报告、测试报告等
双方合同约定的产物。

《用户安装手册》应详细介绍安装软件对运行环境的要求，安装软件的定义和内容，
在客户端、服务器端及中间件的具体安装步骤，安装后的系统配置。

《用户使用指南》应包括软件各项功能的使用流程、操作步骤、相应业务介绍、特殊
提示和注意事项等方面的内容，在需要时还应举例说明。

7) 验收(User Check and Accept)

用户进行验收。

8) 维护(Maintenance)

根据用户需求的变化或环境的变化，对应用程序进行全部或部分的修改。

附录 2　标准与 LabVIEW 编码规范

企业产品研发过程的标准化程度是企业标准化过程体系建立的重要组成部分，如果说产品研发能力是企业的核心竞争力，那么产品研发能力的水平在很大程度上取决于企业标准化过程体系的健全程度。

常见的标准有硬件的设计标准、硬件的可靠性测试标准以及编码规范(Coding standard)。

在 LabVIEW 中设计程序框图时也应该养成良好的编程习惯，使得设计出的图形化程序外观美观、易于理解，以便提高工作效率，减少不必要的失误。而且编写的程序很有可能在后期因为增加新的功能、优化程序执行效率等原因需要对其进行修改，这时候美观整洁的框图、模块化的 VI、简洁的代码会使修改工作变得很简单。相反，混乱的连线、拥挤不堪的控件和不好的编程样式会使得修改一个程序有时候变得异常艰难，甚至导致所有开发工作又从头开始。因此，如果在一开始设计程序的时候就遵循一些良好的编程规范，那么程序的可读性和可维护性就会高得多，这将起到事半功倍的效果。在本书程序的开发过程中，应遵循以下基本的原则。

(1) 前面板、程序框图中控件要对齐。LabVIEW 中提供了控件的对齐工具栏，包括左右居中对齐、控件等间距分布、统一控件的长度和宽度等，利用对齐工具栏，可以将前后面板的控件以非常有序的方式组织起来。附图 2-1 中，前面板控件采用右对齐并且控件之间等间距放置；程序框图中的输入控件右对齐，并尽量保持控件垂直方向等间距。

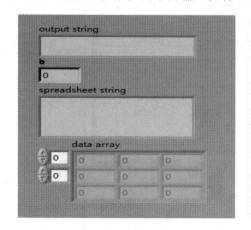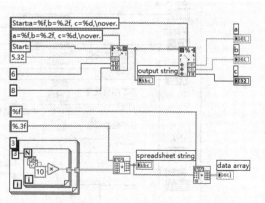

附图 2-1　控件对齐

(2) LabVIEW 是基于数据流的,框图中的连线表示数据流的走势方向。因此,节点间连线应清晰直观,尽量使用从左到右、自上而下的方式进行布局。而且要尽量避免不必要的弯曲连线,避免在结构边框下或重叠的对象之间进行连线,因为这些连线的部分连线段可能会被遮挡而影响程序的可读性。对于长距离的走线,应该添加文字注释。附图 2-2 为框图走线整理前后的对比。

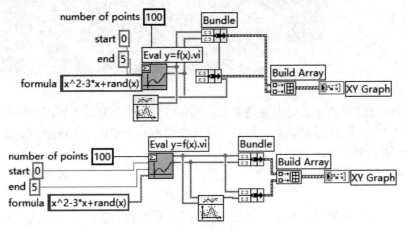

附图 2-2　优化框图连线

附图 2-3 中,为长距离走线加上必要的文字注释。

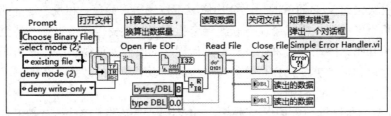

附图 2-3　为长距离走线加上文字注释

(3) 为每一部分实现特定功能的框图结构添加有意义的注释,如附图 2-4 所示。图中显示了 While 循环、Case 结构每一分支对应的使用场合。

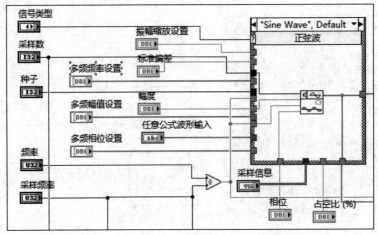

附图 2-4　为 Case 结构每一分支添加注释

(4) 给每个子 VI 一个明确的图标，并且在其属性的 Documentation 一栏描述该 VI 的用途。图标一般采取文字加图形的方式。附图 2-5 为一些子 VI 示范图标。

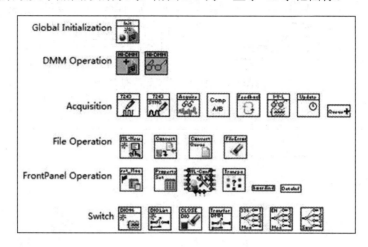

附图 2-5　给每个子 VI 明确的图标

给每个 VI 的 Documentation 一栏加上描述信息，如附图 2-6 所示。

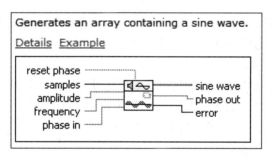

附图 2-6　给 VI 添加描述信息

(5) 可以在程序的适当位置添加错误处理，也可以对可预见的错误进行自定义，这样既增强程序的稳定性，又可以方便问题的快速定位和排查。尽量通过错误输入/输出簇来控制代码的先后顺序，从而避免使用顺序结构。附图 2-7 表示在程序的各个不同功能部分添加自动错误处理。

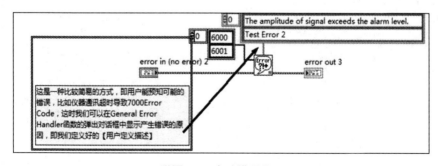

附图 2-7　自动错误处理

附图 2-8 表示对可预见的错误进行自定义错误处理。

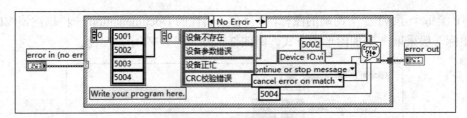

附图 2-8　用户自定义错误处理

附图 2-9 中，用错误簇代替顺序结构来控制数据流的先后顺序。

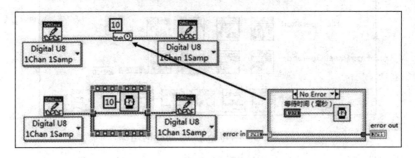

附图 2-9　用错误簇控制代码执行顺序

(6) 尽量使主 VI 的框图简洁，当涉及对主 VI 的前面板控件多处属性修改而占用较大框图面积时，可通过引用的方式将这一部分代码放在子 VI 中进行。

(7) 优化 VI 运行性能。

另外，还有一些 LabVIEW 编程规范，如簇的使用尽量采用严格自定义类型、避免程序框图过大超过整个屏幕、用条件 For 循环代替 While 循环、严格控制局部变量和全局变量的使用、避免 GUI 轮循等。合理使用这些编程规范，对于编写大型程序，提高程序的可读性和可维护性具有非常重要的意义。

和虚拟仪器与 LabVIEW 编程技术有关的典型工作岗位有：需求工程师、系统架构师、UI 设计师、开发工程师、测试工程师、实施工程师、运维工程师(售后服务)。不同的工作岗位对职业性向的要求是不一样的，学生可以仔细对照附表 4-1，分析这些工作岗位分别都属于六种职业性向的哪一种，然后根据自身特点，在每一章节的实训中采用项目分工的形式，在项目小组中分别扮演不同的角色，承担不同的任务。

1. 需求工程师

需求工程师(Requirement Analyst)是沟通用户与开发人员的桥梁，做好需求分析是一个产品是否能够适应用户要求的关键所在。需求工程师在了解用户又了解技术的基础上掌控着项目发展的风向标。

需求分析阶段的工作，可以概括为四个方面：需求获取、需求分析、编写需求规格说明书和需求评审。

(1) 需求获取的目的是确定对目标系统的各方面需求，涉及的主要任务是建立获取用户需求的方法框架，并支持和监控需求获取的过程。

(2) 需求分析是对获取的需求进行分析和综合，最终给出系统的解决方案和目标系统的逻辑模型。

(3) 编写需求规格说明书作为需求分析的阶段成果，可以为用户、分析人员和设计人员之间的交流提供方便，既可以直接支持目标软件系统的确认，又可以作为控制软件开发进程的依据。

(4) 需求评审是对需求分析阶段的工作进行复审，验证需求文档的一致性、可行性、完整性和有效性。

需求评审包括：对客户进行需求调研，整理客户需求，负责编写用户需求说明书；负责将完成的项目模块给客户做演示，并收集完成模块的意见；协助系统架构师、系统分析师对需求进行理解。

2. 系统架构师

系统架构师(System Architect)是一个最终确认和评估系统需求，给出开发规范搭建系统实现的核心构架，并澄清技术细节、扫清主要难点的技术人员。系统架构师主要着眼于系统的"技术实现"，因此他/她应该是特定的开发平台、语言、工具的大师，对常见应用场景能给出最恰当的解决方案，同时要对所属的开发团队有足够的了解，能够评估自己的团队实现特定的功能需求需要的代价。系统架构师负责设计系统整体架构，从需求到设计的每个细节都要充分考虑，并把握整个项目，使设计的项目尽量效率高、开发容易、维护方便、升级简单等。

3. 界面设计师

界面设计师(UI Designer)是指从事对软件的人机交互、操作逻辑、界面美观的整体设计工作的人。

界面设计师的工作内容：

(1) 负责软件界面的美术设计、创意工作和制作工作。

(2) 根据各种相关软件的用户群，提出构思新颖、有高度吸引力的创意设计。

(3) 对页面进行优化，使用户操作更趋于人性化。

(4) 维护现有的应用产品。

(5) 收集和分析用户对于 GUI 的需求。

4. 软件开发工程师

软件开发工程师(Software Development Engineer)是从事软件开发相关工作的人员的统称。软件开发工程师的技术要求是比较全面的，除了最基础的编程语言(C 语言/C++/Java 等)，数据库技术(SQL/ORACLE/DB2 等)，.NET 平台技术，C#、C/S B/S 程序开发，还有诸多如 Java SCRIPT、AJAX、HIBERNATE、SPRING、J2EE、WEB SERVICE、STRUTS 等前沿技术。

5. 测试工程师

软件测试工程师(Software Testing Engineer)指理解产品的功能要求，并对其进行测试，检查软件有没有缺陷(Bug)，测试软件是否具有稳定性(Robustness)、安全性、易操作性等性能，并写出相应的测试规范和测试用例的专门工作人员。

简而言之，软件测试工程师在一家软件企业中担当的是"质量管理"角色，及时发现软件问题并及时督促更正，确保产品的正常运作。

软件测试工程师的主要工作内容：

(1) 设置软件测试环境，安装必要的软件工具。

(2) 运行软件，发现和报告软件缺陷或错误。尤其需要快速定位软件中的严重的错误。

(3) 对软件整体质量提出评估。

(4) 确认软件达到某种具体标准。

(5) 以最低的成本、最短的时间，完成高质量的测试任务。

6. 软件实施工程师

软件实施工程师(Software Implementation Engineer)的工作是软件产品服务主线的一个决定性环节，软件的成功离不开实施。

软件实施工程师主要负责工程实施：

(1) 常用操作系统、应用软件及公司所开发的软件安装、调试、维护，还有少部分硬件、网络的工作。

(2) 负责现场培训及现场软件应用培训。

(3) 协助项目验收。

(4) 负责需求的初步确认。

(5) 把控项目进度。

(6) 与客户沟通个性化需求。

(7) 负责项目维护。

7. 运维工程师

运维工程师(Operations)负责维护并确保整个服务的高可用性，同时不断优化系统架构以提升部署效率，优化资源利用率以提高整体的 ROI。

管理培训生(Management Trainee)是一个外来术语，是外企里面"以培养公司未来领导者"为主要目标的特殊项目。通常管理培训生是在公司各个不同部门实习，在了解整个公司运作流程后，再根据其个人专长安排工作岗位。

在从事不同的工作岗位的时候，往往会发现自己在某几个工作岗位中兴趣高涨，做起事来如鱼得水，而在另外某几个岗位中兴趣索然。这到底是为什么呢？

这其中的原因和职业性向有关。根据霍兰德理论，职业性向是指一个人所具有的有利于其在某一职业方面成功的素质的总和。它是与职业方向相对应的个性特征，也指由个性决定的职业选择偏好。

职业咨询专家约翰·霍兰德认为，人格是决定一个人选择职业的一个重要因素。他特别提到决定个人选择何种职业的六种基本的"人格性向"，如附表 4-1 所示。

附表 4-1　六种基本人格性向表

类型	共 同 特 征	职 业 范 例
社会型	喜欢与人交往，不断结交新的朋友，善言谈，愿意教导别人；关心社会问题、渴望发挥自己的社会作用；寻求广泛的人际关系，比较看重社会义务和社会道德	喜欢要求与人打交道的工作，能够不断结交新的朋友，从事提供信息、启迪、帮助、培训、开发或治疗等事务，并具备相应能力。如：教育工作者(教师、教育行政人员)、社会工作者(咨询人员、公关人员)等
企业型	追求权力、权威和物质财富，具有领导才能；喜欢竞争，敢冒风险，有野心、抱负；为人务实，习惯以利益得失、权利、地位、金钱等来衡量做事的价值，做事有较强的目的性	喜欢要求具备经营、管理、劝服、监督和领导才能，以实现机构、政治、社会及经济目标的工作，并具备相应的能力。如：项目经理、销售人员、营销管理人员、政府官员、企业领导、法官、律师等
常规型	尊重权威和规章制度，喜欢按计划办事，细心、有条理，习惯接受他人的指挥和领导，自己不谋求领导职务；喜欢关注实际和细节情况，通常较为谨慎和保守，缺乏创造性，不喜欢冒险和竞争，富有自我牺牲精神	喜欢要求注意细节、精确度、有系统有条理，具有记录、归档、据特定要求或程序组织数据和文字信息的职业，并具备相应能力。如：秘书、办公室人员、记事员、会计、行政助理、图书馆管理员、出纳员、打字员、投资分析员等

类型	共同特征	职业范例
现实型	愿意使用工具从事操作性工作，动手能力强，做事手脚灵活，动作协调；偏好于具体任务，不善言辞，做事保守，较为谦虚；缺乏社交能力，通常喜欢独立做事	喜欢使用工具、机器，需要基本操作技能的工作。对要求具备机械方面才能、体力或从事与物件、机器、工具、运动器材、植物、动物相关的职业有兴趣，并具备相应能力。如：技术性职业(计算机硬件人员、摄影师、制图员、机械装配工)、技能性职业(木匠、厨师、技工、修理工、农民、一般劳动)等
调研型	思想家而非实干家，抽象思维能力强，求知欲强，肯动脑，善思考，不愿动手；喜欢独立的和富有创造性的工作；知识渊博，有学识才能，不善于领导他人；考虑问题理性，做事喜欢精确，喜欢逻辑分析和推理，不断探讨未知的领域	喜欢智力的、抽象的、分析的、独立的定向任务，要求具备智力或分析才能，并将其用于观察、估测、衡量、形成理论、最终解决问题的工作，且具备相应的能力。如：科学研究人员、教师、工程师、电脑编程人员、医生、系统分析员等
艺术型	有创造力，乐于创造新颖、与众不同的成果，渴望表现自己的个性，实现自身的价值；做事理想化，追求完美，不重实际；具有一定的艺术才能和个性；善于表达，怀旧，心态较为复杂	喜欢的工作要求具备艺术修养、创造力、表达能力和直觉，并将其用于语言、行为、声音、颜色和形式的审美、思索和感受，具备相应的能力；不善于事务性工作。如：艺术方面(演员、导演、艺术设计师、雕刻家、建筑师、摄影家、广告制作人)、音乐方面(歌唱家、作曲家、乐队指挥)、文学方面(小说家、诗人、剧作家)等

通过附表 4-1 可知，不同类型的人格性向适合从事不同类型的工作。因此，在踏入工作岗位前非常有必要对自己进行职业性向测试，从而提前了解自己适合从事哪些工作岗位，为将来的求职、职业规划和职业发展打下良好基础。

同时，在学校进行每一门专业课的学习的时候，很有必要去了解与该门专业课有关的典型工作岗位都有哪些，然后根据自己职业性向的特点，在学习中有的放矢，有所侧重，最大限度地提高学习效率。

近几年，大学毕业生的就业已经成为比较重要的社会问题，也可以说是一个难题。对于很多毕业生来说，先不说找到好工作，即便是找到一份工作就已经比较困难了。高校把毕业生的就业率作为考察学校教育效果的一大指标，毕业生就业率的高低直接影响到学校的声誉，同时也会影响到学校的招生及培养计划。而从社会的角度来看，很多企业又在叹息"招不到合适的人选"。很多事实表明，这种现象的存在与学生的职业素养难以满足企业的要求有关。"满足社会需要"是高等教育的目的之一。既然社会需要具有较高的职业素养的毕业生，那么，高校教育应该把培养大学生的职业素养作为其重要目标之一。同时，高校也不是关起门来办教育，社会、企业也应该尽力与高校合作，共同培养大学生的职业素养。

那么，到底什么是职业素养(Professional Qualities)呢？职业素养的定义为：职业素养是指职业内在的规范和要求，是在职业过程中表现出来的综合品质，包含职业道德、职业技能、职业行为、职业作风和职业意识等方面。很多企业界人士认为，职业素养至少包含两个重要因素：敬业精神及合作的态度。敬业精神就是在工作中将自己作为公司的一部分，不管做什么工作一定要做到最好，发挥出实力，对于一些细小的错误一定要及时地更正，敬业不仅仅是吃苦耐劳，更重要的是"用心"去做好公司分配的每一份工作。态度是职业素养的核心，好的态度比如负责的、积极的、自信的、建设性的、欣赏的、乐于助人的等态度是决定成败的关键因素。

所以，职业素养是一个人职业生涯成败的关键因素。职业素养主要由职业道德、职业思想和职业技能三部分组成。

1. 职业道德

职业素养不但会影响到员工的求职、职业生涯发展，甚至会影响员工的一生。那么，我们所说的职业素养到底包括哪些内容呢？对于当前已经身处职场的人来说，怎样才能够提高自己的职业素养，让自己在当前竞争激烈的职场中立于不败之地呢？在职业素养中，最基本的要求就是需要工作人员有职业道德(Professional Ethics)。职业道德是在做人的道德基础上，对从事岗位的工作人员的进一步要求。要求工作人员要恪守职业道德，在工作期间，不可做出任何危害公司名声及利益的事情。

2. 职业思想

在当前竞争激烈的职场中，有些人善于表现自己，高调地做事，希望能够表现得更优秀一些；而有些人则更希望在平时的工作中，埋头做事，努力提高自己的专业技能，在工作中低调一些。当然，这两种做法都无可厚非。每个人都有自己的职业规划，每个人对于自己的职业都有一定的理解。在职业素养中，就包括了非常重要的一点就是职业思想(Professional Thought)，而职业思想也直接引导着人们的方向，为职场的工作人员制定目标，使工作人员朝着目标去不断地努力。

3. 职业技能

在职场中工作的人，除了要适应公司的环境之外，也要利用自己的职业技能(Vocational Skill)来充分发挥自己的价值，为企业创造更多的财富。

职业素养是个很大的概念，专业是第一位的，但是除了专业，敬业和道德是必备的，体现到职场上的就是职业素养，体现在生活中的就是个人素质或者道德修养。

同时，敬业和诚信也是属于社会主义核心价值观的重要组成部分。高校大学生应该尽量提高自己的职业素养，成为一个受企业欢迎的人。在提高自己职业素养的同时，也是在践行社会主义核心价值观。

参 考 文 献

[1] 陈飞. LabVIEW 编程与项目开发实用教程[M]. 西安：西安电子科技大学出版社，2016.

[2] 肖成勇，雷振山，魏丽. LabVIEW 2010 基础教程[M]. 北京：中国铁道出版社，2012.

[3] 周求湛. 虚拟仪器与 LabVIEW™ 7 Express 程序设计[M]. 北京：北京航空航天大学出版社，2004.

[4] 王福明，于丽霞，刘吉. LabVIEW 程序设计与虚拟仪器[M]. 西安：西安电子科技大学出版社，2009.

[5] 向守超，侯从喜. LabVIEW 2015 程序设计教程[M]. 西安：西安电子科技大学出版社，2017.

[6] 李江全，任玲，廖结安. LabVIEW 虚拟仪器从入门到测控应用 130 例[M]. 北京：电子工业出版社，2013.

[7] 林静，林振宇，郑福仁. LabVIEW 虚拟仪器程序设计从入门到精通[M]. 2 版. 北京：人民邮电出版社，2016.

[8] 王超，王敏. LabVIEW 2015 虚拟仪器程序设计[M]. 北京：机械工业出版社，2016.

[9] 李江全. LabVIEW 虚拟仪器数据采集与串口通信测控应用实战[M]. 北京：人民邮电出版社，2016.

[10] 何玉钧，高会生. LabVIEW 虚拟仪器设计教程[M]. 北京：人民邮电出版社，2012.

[11] 胡仁喜. LabVIEW 2013 中文版虚拟仪器从入门到精通[M]. 北京：机械工业出版社，2014.

[12] 张重雄，张思维. 虚拟仪器技术分析与设计[M]. 3 版. 北京：电子工业出版社，2017.

[13] 童刚. 虚拟仪器实用编程技术[M]. 北京：机械工业出版社，2018.

[14] 杨小强，张海涛，李焕良. 虚拟仪器系统集成与工程应用[M]. 北京：冶金工业出版社，2018.

[15] 孙秋野，吴成东，黄博南. LabVIEW 虚拟仪器程序设计及应用[M]. 2 版. 北京：人民邮电出版社，2015.

[16] 胡乾苗. LabVIEW 虚拟仪器设计与应用[M]. 北京：清华大学出版社，2014.

[17] 陈树学. LabVIEW 宝典[M]. 2 版. 北京：电子工业出版社，2017.

[18] 严雨，夏宁. LabVIEW 入门与实战开发 100 例[M]. 3 版. 北京：电子工业出版社，2017.

[19] 宋铭. LabVIEW 编程详解[M]. 北京：电子工业出版社，2017.

[20] 龙华伟，伍俊，顾永刚，等. LabVIEW 数据采集与仪器控制[M]. 北京：清华大学出版社，2016.